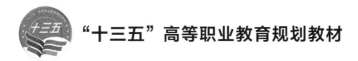

"十三五"高等职业教育规划教材

零件的手工制作

U0386420

主　编　李玉青

副主编　张晓红

参　编　郭聿荃　李桂娇　高玉侠

主　审　张树东

机械工业出版社

本书是"十三五"高等职业教育规划教材,是根据《教育部关于"十二五"职业教育教材建设的若干意见》编写的。本书采用项目教学法编写,学生可以在教师的指导下亲自处理一个项目的全过程。本书内容包括工具钳工、装配钳工和机修钳工三个项目。项目一工具钳工属于中高职衔接部分,是对中职学习阶段的技能总结;项目二装配钳工是学生学习与实践的重点部分;项目三机修钳工属于知识、技能延伸部分。通过三个项目的学习与实践,可以使学生掌握简单零件的手工制作、装配技能,并能解决设备日常工作中常出现的简单机械故障。本书注重实用性,强调动手操作。

为便于教学与学生学习,本书嵌入了28个二维码,用手机扫一扫便可观看。选择本书作为教材的教师可来电(010-88379193)索取,或登录 www.cmpedu.cn 网站,注册、免费下载其他配套资源。

本书可作为高等职业院校机械制造类专业教材,也可作为装配与维修岗位的培训教材。

图书在版编目(CIP)数据

零件的手工制作/李玉青主编—北京:机械工业出版社,2018.3
"十三五"高等职业教育规划教材
ISBN 978-7-111-59362-1

Ⅰ.①零… Ⅱ.①李… Ⅲ.①机械元件–制作–高等职业教育–教材
Ⅳ.①TH13

中国版本图书馆 CIP 数据核字(2018)第 044952 号

机械工业出版社(北京市百万庄大街22号 邮政编码100037)
策划编辑:汪光灿 责任编辑:王莉娜
责任校对:张 薇 封面设计:张 静
责任印制:李 飞
北京机工印刷厂印刷
2018 年 5 月第 1 版第 1 次印刷
184mm×260mm · 8.5 印张 · 200 千字
0001—2000 册
标准书号:ISBN 978-7-111-59362-1
定价:25.00 元

前　言

本书是"十三五"高等职业教育规划教材，是根据《教育部关于"十二五"职业教育教材建设的若干意见》编写的。

本书内容包括工具钳工、装配钳工和机修钳工三个项目。工具钳工培养学生手工制作零件的基本技能；装配钳工则侧重设备机构的总体认知与装配工艺技巧；机修钳工主要讲述设备拆卸、检修与修复技术。在编写过程中力求体现实用技术与必要的理论知识相统一、应用思想与技巧相统一。本书编写模式新颖，文字简练，图文并茂，确保了扎实的教学效果。本书注重实用性，强调动手操作。

本书在内容处理上主要有以下几点说明。

1. 本书实践技能较多，需要学生亲自动手实践。

2. 本书的特点是多学科交叉、知识面宽（包含钳工操作、测量器具使用、装配工艺与技巧及修复技术等）、知识跨度大。

3. 本书内容非常丰富，而教学学时有限。在教学过程中，应根据目前钳工领域、装配领域及维修领域的应用情况整合教学内容，重点介绍工具钳工、装配钳工知识。

4. 本书学时安排建议见下表。

教学内容		建议学时（74~94学时）	
		理论学时	实践学时
工具钳工	钳工常用设备	2	2(4)
	钳工常用量具	2	4(6)
	划线与锉削	2	4(8)
	钻削加工	2	4(4)
	锯削与錾削	2	4(4)
装配钳工	装配基础知识	2	4(8)
	装配精度与装配尺寸链	2	4(8)
	固定连接的装配	2	8(8)
	轴承和主轴部件的装配	2	4(8)
	传动机构的装配	2	8(8)
机修钳工	设备拆装与检修	2	2(2)
	机械零件的修复技术	2	2(2)

本书由长春职业技术学院李玉青任主编，长春机械工业学校张晓红任副主编。具体分工

如下：张晓红、郭聿荃编写项目一，李玉青编写项目二，李桂娇、高玉侠编写项目三，全书由机械工业第九设计研究院张树东主审。

编写过程中参阅了国内公开出版的有关教材和资料并应用了部分图、表等，在此向相关作者表示衷心的感谢！

由于编者水平有限，书中不妥之处在所难免，恳请读者批评指正。

编　者

目　录

前言
项目一　工具钳工 ……………………………………………… 1
　　任务一　钳工常用设备 …………………………………… 2
　　任务二　钳工常用量具 …………………………………… 7
　　任务三　划线与锉削 ……………………………………… 19
　　任务四　钻削加工 ………………………………………… 32
　　任务五　锯削与錾削 ……………………………………… 42
项目二　装配钳工 ……………………………………………… 52
　　任务一　装配基础知识 …………………………………… 53
　　任务二　装配精度与装配尺寸链 ………………………… 61
　　任务三　固定连接的装配 ………………………………… 71
　　任务四　轴承和主轴部件的装配 ………………………… 83
　　任务五　传动机构的装配 ………………………………… 92
项目三　机修钳工 ……………………………………………… 106
　　任务一　设备拆装与检修 ………………………………… 107
　　任务二　机械零件的修复技术 …………………………… 116
参考文献 ………………………………………………………… 128

项目一

工 具 钳 工

知识目标

1. 了解各种钳工工具的结构组成；

2. 理解实训场地的设备安全文明使用规程；

3. 掌握钳工常用量具的原理；

4. 掌握划线、锉削、錾削、钻孔等钳工操作的基本知识。

技能目标

1. 学会各种钳工工具的使用方法；

2. 掌握钳工常用量具的使用方法；

3. 掌握划线、锉削、錾削、钻孔等钳工操作的基本技能。

机器设备都是由若干零部件组成的，而多数零件都是由金属材料制成的。金属材料的加工方法分为切削加工、成形加工和特种加工等。中国早在《礼记·典礼》中就曾记载："天子之六工，曰土工，金工，石工，木工，兽工，草工，典制六材。"其中"金工"就是金属材料加工的总称。

工具钳工是指手持工具对金属进行加工的方法，属于切削加工，是机械制造业中最古老的加工技术，世界上第一台机床就是采用钳工方法加工出来的。与其他加工技术相比，钳工操作劳动强度大、生产率低、对操作者的技术要求较高，但其工具简单，加工灵活多样，操作方便，适应面广。目前虽然有各种先进的机械加工方法，但很多工作仍然需要由钳工来完成，故钳工被誉为"万能工种"。一些最精密的样板、模具、量具和配合表面（如导轨面和轴瓦面）仍需钳工做最后的精密加工；在单件、小批量生产、修配或缺乏设备的情况下，采用钳工制造零件仍是一种经济实用的加工方法。

工具钳工的应用范围如下：

1）加工前的准备工作，如清理毛坯、在工件上划线等。

2）加工精密零件，如锉削样板、刮削或研磨机器量具的配合表面等。

3）将零件装配成机器时对互相配合的零件进行调整，如整台机器的组装、试车、调试等。

4）机器设备的保养和维护。

工具钳工的知识构架。

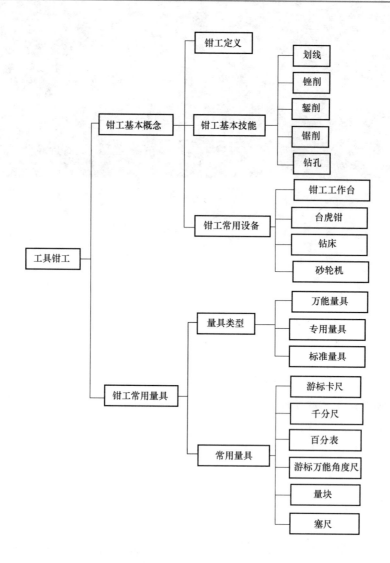

任务一　钳工常用设备

一、任务导入

了解钳工实训场地，熟悉钳工常用设备，任务表见表 1-1。

表 1-1　了解钳工实训场地、熟悉钳工常用设备任务表

实训地点	钳工实训场地
具体要求	1. 熟悉钳工工作场地、了解钳工设备使用安全要求 2. 熟悉钳工安全文明生产知识

二、知识链接

1. 钳工工作台

钳工工作台（简称钳台）用来安装台虎钳、放置工具和工件等。钳工工作台有单人用

和多人用两种，一般用木材或钢材做成。钳工工作台高度为 800~900mm，装上台虎钳后，钳口高度恰好与人的手肘齐平，长度和宽度随工作需要而定。钳工工作台上必须装防护网，其抽屉用来放置工、量用具，如图 1-1 所示。

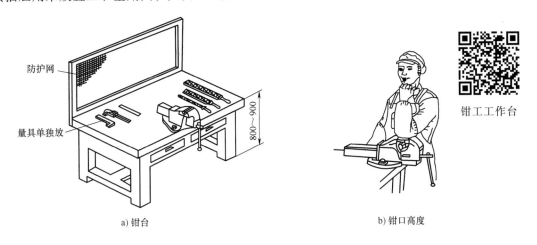

a) 钳台　　　　　　　　　　　　　b) 钳口高度

图 1-1　钳工工作台

钳工工作台的使用安全要求如下：

1）操作者站在钳工工作台的一侧，对面不允许有人；大型工作台对面有人工作时，则钳工工作台必须设置密度适当的安全网。

2）钳工工作台必须安装牢固，不得做铁砧用。

3）钳工工作台使用的照明电压不得超过 36V。

4）在钳工工作台上工作时，右手取用的工、量具放在右边，左手取用的工、量具放在左边，工、量具不能伸出工作台边缘，避免碰落损坏或砸伤人脚。

2. 台虎钳

台虎钳用来夹持工件。台虎钳属于通用夹具，分固定式和回转式（或活动式）两种结构类型。台虎钳的规格以钳口的宽度表示，有 100mm、125mm、150mm 等，其结构如图 1-2 所示。

台虎钳的使用安全要求如下：

1）台虎钳必须正确、牢固地安装在钳工工作台上，并使固定钳身的钳口工作面处于钳工工作台边缘之外，两个固定螺钉必须拧紧。

2）工件应尽量装夹在台虎钳钳口的中部，以使钳口受力均衡，夹紧后的工件应稳固可靠。

3）只能用手扳紧手柄来夹紧工件，不能用套筒接长手柄加力或用锤子敲击手柄，以防损坏台虎钳零件。

4）不要在活动的钳身表面进行敲打，以免损坏与固定钳身的配合性能。

5）加工时用力方向最好是朝向固定钳身。

6）要保持丝杠、螺母清洁，经常加润滑油，以提高其使用寿命。

3. 钻床

钳工常用的钻床有台式钻床（简称台钻）、立式钻床（简称立钻）和摇臂钻床三种，其

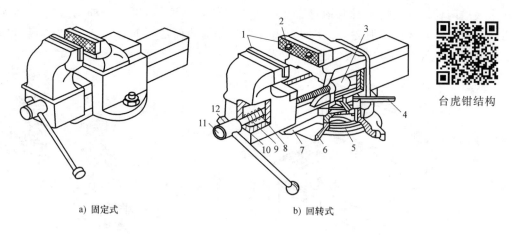

a) 固定式   b) 回转式

图 1-2 台虎钳的结构

1—钳口 2—螺钉 3—螺母 4、12—手柄 5—夹紧盘 6—转盘座 7—固定钳身
8—挡圈 9—弹簧 10—活动钳身 11—丝杠

中最常用的是台式钻床，如图 1-3 所示。台式钻床结构简单，操作方便，用于在小型零件上钻、扩 φ12mm 以下的孔。由于台式钻床的最低转速较高（一般不低于 400r/min），故其不适于锪孔、铰孔。

台式钻床的使用安全要求如下：

1）严禁戴手套操作钻床，女同志需戴工作帽。

2）使用过程中，工作台面必须保持清洁。

3）钻通孔时必须使钻头能通过工作台面上的让刀孔，或在工件下垫上垫铁，以免钻坏工作台面。

4）钻孔时，要将工件固定牢固，以免加工时刀具旋转将工件甩出。

5）使用完钻床必须将机床外露滑动面及工作台面擦净，并对各滑动面及注油孔加注润滑油。

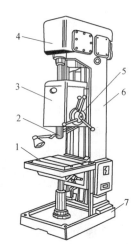

图 1-3 台式钻床

1—工作台 2—主轴 3—进给箱
4—变速箱 5—操纵手柄
6—立柱 7—底座

4. 砂轮机

砂轮机主要是作为修磨刃具之用，也用作普通小零件的磨削、去毛刺及清理等工作。如图 1-4 所示，砂轮机主要由砂轮、机架和电动机组成。工作时，砂轮的转速很高，很容易因系统不平衡而造成砂轮机的振动，因此要做好平衡调整工作，使其在工作中平稳旋转。由于砂轮质硬且脆，如使用不当容易产生砂轮碎裂而造成事故。因此，使用砂轮机时要严格遵守以下安全操作注意事项。

1）砂轮的旋转方向要正确，使磨屑向下飞离，不致伤人。

2）砂轮机起动后，要等砂轮转速平稳后再开始磨削，若发现砂轮跳动明显，应及时停机修整。

3）砂轮机的搁架与砂轮间的距离应保持在 3mm 以内，以防磨削件轧人，造成事故。

4）磨削过程中，操作者应站在砂轮的侧面或斜侧面，不要站在正对面。

5）禁止戴手套磨削，磨削时应戴防护镜。

5. 钳工工作场地的合理布局与组织

钳工工作场地指钳工的固定工作场地。合理组织安排好钳工的工作场地，是保证安全生产和产品质量的一项重要措施。

合理布局主要指设备、钳工工作台应放在光线适宜、工作方便的地方；应在工作台中间安装安全网，砂轮机、钻床应设置在场地边缘，尤其是砂轮机，一定要安装在安全可靠的地方；正确

图 1-4 砂轮机
1—电动机 2—砂轮 3—机架

摆放毛坯、工件，毛坯和工件要分开摆放整齐并尽可能放在工件架上，以免磕碰。

工具、夹具、量具要摆放有序，常用的工具、夹具、量具用后应急时清理、维护和保养并妥善放置。工作场地应保持清洁，工作和实训结束后应按要求对设备进行清理、润滑并把场地打扫干净。

6. 安全文明实习（在工厂称文明生产）

严格执行安全文明生产（实习）操作规程，遵守劳动纪律，严格按工艺要求操作是保证产品质量的重要前提。安全保证生产，生产必须安全。安全文明实习一般要求如下：

1）工作前要佩戴好防护用品。

2）女同学要戴帽子，头发长的男同学也要戴帽子。

3）戴防护眼镜，而且要大一点。

4）不准穿拖鞋。

5）在工厂里要穿工作服，戴套袖，不要穿导电的衣裤。

6）钻孔时不准戴手套。

7）钻床和砂轮机在使用前一定要检查是否正常。

8）不准擅自使用不熟悉的机床、量具和工具。

9）工具摆放应有一定的规律性，严禁乱堆乱放。

10）清除切屑要用刷子或用铁钩子，不要直接用手清除或用嘴吹。

11）使用电动工具要有绝缘防护和安全接地措施。

三、任务实施

了解钳工实训场地、熟悉钳工常用设备任务实施见表 1-2。

表 1-2 了解钳工实训场地、熟悉钳工常用设备任务实施

实训地点	钳工实训场地	说明
具体要求	由实训指导教师带队,参观钳工实训场地并详细讲解钳工设备及安全使用要求 学生按要求牢记安全文明实习操作规程	学生应分组参观,每组不超过 10 名

四、知识拓展

钳工设备拆装工具的名称、图例和使用说明见表 1-3。

表 1-3 钳工设备拆装工具的名称、图例和使用说明

名称	图例	使用说明
锤子	金属锤　　　　　　　　橡胶锤	锤子是用来敲击的工具,分为金属锤和非金属锤(如橡胶锤)两种。金属锤又分为钢锤、铜锤。锤子的规格是以锤头的重量来表示的,如 0.5lb(1lb = 0.45kg)、1lb 等
螺钉旋具		主要作用是旋紧或松退螺钉,常见的螺钉旋具有一字、十字螺钉旋具
呆扳手		主要作用是旋紧或松退固定尺寸的螺栓或螺母,常见的有单口扳手、梅花扳手、开口扳手等。呆扳手的规格是以钳口开口的宽度标识的
活扳手		钳口的尺寸在一定范围内可自由调整,用来旋紧或松退螺栓或螺母,其规格是用扳手全长尺寸标识的
管扳手		钳口有条状齿,用来旋紧或松退圆管、磨损的螺栓或螺母,其规格是用扳手全长尺寸标识的

（续）

名称	图 例	使用说明
特殊扳手		为某种特殊目的而设计的扳手，如内六角扳手、T形夹头扳手等
手钳	夹持手钳　　　　剪断手钳　　　　卡环手钳	夹持手钳主要用于夹持工件或材料；剪断手钳同时还有剪断功能；卡环手钳可以拆装扣环，即将扣环张开套入或移出环状凹槽

任务二　钳工常用量具

一、任务导入

完成图 1-5 所示凸凹模零件的尺寸及几何公差的检测任务，见表 1-4。

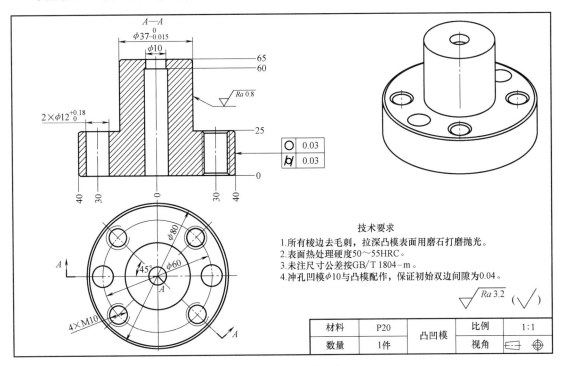

图 1-5　凸凹模零件图

表 1-4 凸凹模零件尺寸及几何公差的检测任务

学习情境	地点:钳工实训场地 教学条件:凸凹模零件、千分尺、百分表、游标卡尺、游标万能角度尺、表面粗糙度样块等	教学要求
完成任务	1. 明确游标卡尺、千分尺、百分表及游标万能角度尺的结构与功能 2. 熟练使用游标卡尺、千分尺、百分表及游标万能角度尺等常用量具检测零件	根据所学的常用量具知识完成凸凹模零件的检测

二、知识链接

1. 钳工常用量具

钳工常用量具的名称、图例与功用见表 1-5。

表 1-5 钳工常用量具的名称、图例与功用

名 称	图 例	功 用
游标卡尺		游标卡尺是一种常用的量具,具有结构简单、使用方便、精度中等和测量的尺寸范围大等特点,可以用它来测量零件的外径、内径、长度、宽度、厚度、深度和孔距等
千分尺		千分尺是一种应用广泛的精密量具,其测量精度比游标卡尺高。千分尺的形式和规格繁多,按其用途和结构可分为外径千分尺、内径千分尺、深度千分尺、公法线千分尺、尖头千分尺、壁厚千分尺等
百分表		百分表是一种精度较高的比较量具,它只能测出相对数值,不能测出绝对值,主要用于找正工件的安装位置,检验零件的形状精度和相互位置精度等
游标万能角度尺		游标万能角度尺是用来测量精密零件内外角度或进行角度划线的角度量具

（续）

名 称	图 例	功 用
表面粗糙度仪		表面粗糙度样块是通过视觉和触觉，以比较法来检查机械零件加工后表面粗糙度的一种工作量具；表面粗糙度仪是检测工件表面粗糙度的数字化电子仪器，可以广泛应用于各种金属与非金属的加工表面的检测
量块		量块也称为块规，是量具的长度基准。它是保持度量统一的重要量具，是用于鉴定和校准量具和量仪的基准量具
塞尺		塞尺是由一组具有不同厚度级差的薄钢片组成的量规，是用于检验间隙的测量器具之一

2. 钳工常用量具的使用

（1）游标卡尺的结构、刻线原理和读数　常见的游标卡尺按其分度值分为 1/20mm（0.05mm）和 1/50mm（0.02mm）两种。

游标卡尺的结构如图 1-6 所示，由尺身、游标、内测量爪、外测量爪、深度尺和紧固螺钉等组成。

游标卡尺结构

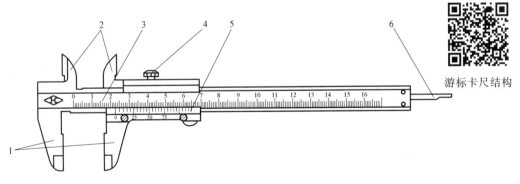

图 1-6　游标卡尺的结构

1—外测量爪　2—内测量爪　3—尺身　4—紧固螺钉　5—游标　6—深度尺

1）1/20mm 游标卡尺的刻线原理如图 1-7 所示，尺身每 1 格长度为 1mm，游标总长为 39mm，等分为 20 格，每格长度为 39mm/20＝1.95mm，则尺身 2 格和游标 1 格长度之差为：2mm－1.95mm＝0.05mm，所以它的分度值为 0.05mm。

用 1/20mm 游标卡尺测量工件时，其读数方法可分为三个步骤，如图 1-8 所示。

9

第一步：读出尺身上的整数尺寸，即游标零线左侧，尺身上的毫米整数值，图1-8所示为10mm。

第二步：读出游标上的小数尺寸，即找出游标上哪一条刻线与尺身上的刻线对齐，该游标刻线的次序数乘以该游标卡尺的分度值，即得到毫米内的小数值，图1-8所示为18×0.05mm=0.90mm。

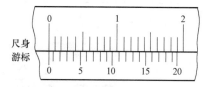

图1-7 1/20mm 游标卡尺的刻线原理

第三步：把尺身和游标上的两个数值相加（整数部分和小数部分相加），就是测得的实际尺寸，图1-8所示为10mm+0.90mm=10.90mm。

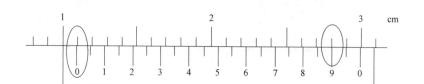

图1-8 1/20mm 游标卡尺的读数方法

2) 1/50 mm 游标卡尺的刻线原理如图1-9所示，其刻线原理与1/20mm 游标卡尺类同，尺身每1格长度为1mm，游标总长度为49mm，等分为50格，游标每格长度为49mm/50=0.98mm，尺身1格和游标1格的长度之差为1mm-0.98mm=0.02mm，

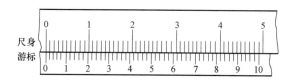

图1-9 1/50mm 游标卡尺的刻线原理

所以它的分度值为0.02mm。图1-10所示游标卡尺的读数为：3mm+22×0.02mm=3.44mm。

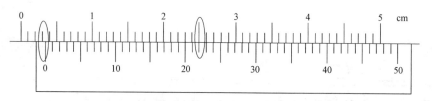

图1-10 1/50mm 游标卡尺的读数方法

游标卡尺
注意事项

温馨提示：

测量前应将游标卡尺擦拭干净，检查测量爪贴合后尺身与游标的零线是否对齐；

测量时，所使用的推力应使两个测量爪贴紧工作面，但力量不宜过大；

测量时，应拿正游标卡尺，避免歪斜，保证尺身与所测尺寸线平行；

读数时，应正视游标卡尺，避免产生视线误差。

（2）千分尺的结构、刻线原理和读数 千分尺的结构如图1-11所示，由砧座、测微螺杆、固定套管、微分筒和测力装置等组成。

千分尺是依据螺旋放大原理制成的，即螺杆在螺母中旋转一周，螺杆便沿着旋转轴线方向前进或后退一个螺距的距离。因此，沿轴线方向移动的微小距离，就能用圆周上的读数表

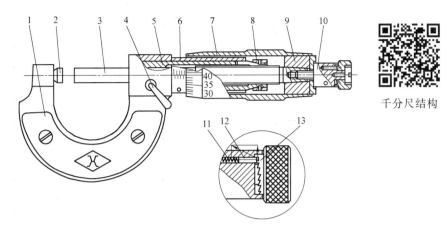

千分尺结构

图 1-11 外径千分尺结构图

1—尺架 2—砧座 3—测微螺杆 4—锁紧手柄 5—螺纹套 6—固定套管 7—微分筒
8—螺母 9—接头 10—测力装置 11—弹簧 12—棘轮爪 13—棘轮

示出来。

千分尺的精密螺纹的螺距是 0.5mm，微分筒有 50 个等分刻度，微分筒旋转一周，测微螺杆可前进或后退 0.5mm，因此旋转每个小分度，相当于测微螺杆前进或后退 0.5mm/50 = 0.01mm。可见，微分筒每一小分度表示 0.01mm，所以千分尺可准确到 0.01mm。由于还能再估读一位，故可读到毫米的千分位。

用千分尺测量工件时，其读数方法可分为三个步骤，如图 1-12 所示。

第一步：读固定套管上的读数，图 1-12 所示为 1mm。

第二步：由微分筒读格数，并估读，再乘以 0.01mm 图 1-12 所示为 19.5×0.01mm = 0.195mm。

图 1-12 千分尺读数方法

第三步：待测长度为两者之和，即 1mm+0.195mm = 1.195mm。

温馨提示：

测量前，转动千分尺的测力装置，使两测砧面贴合，检查是否密合，同时检查微分筒与固定套管的零线是否对齐；

测量时，先转动微分筒，当测量面与被测工件贴合时，保持测微螺杆的轴线与工作表面垂直，此时转动测力装置，直到棘轮发出"嗒嗒"声为止，但不能大力转动微分筒；

千分尺注意事项

读数时，最好不要取下千分尺读数，如必须取下，应首先锁紧测微螺杆，防止尺寸变动；切记不要漏读 0.5mm。

（3）百分表的结构及使用 百分表的结构如图 1-13 所示，主要由测头、测量杆、长指针、短指针、齿轮、表盘和表圈等组成，测量时需与表架和表座配合使用。百分表是一种精度较高的比较量具，它只能测出相对数值，不能测出绝对值，主要用于找正工件的安装位置，检验工件的形状精度和相互位置精度等。

百分表的表盘上刻有 100 个等分格，其分度值（即读数值）为 0.01mm，即小指针转动一小格，为 1mm；当测量杆向上或向下移动 1mm 时，通过齿轮传动系统带动长指针转一圈，同时短指针转一格。长指针每转一格读数值为 0.01mm，短指针每转一格读数值为 1mm；短指针处的刻度范围为百分表的测量范围。表盘可以转动，供测量时对零用。

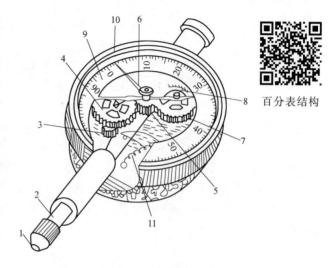

百分表结构

使用百分表进行测量时，首先让长指针对准零位，读数值为短指针所指示的毫米整数与长指针所指示的毫米小数之和。

图 1-13　百分表的结构
1—测头　2—测量杆　3—小齿轮　4、7—大齿轮
5—中间小齿轮　6—长指针　8—短指针
9—表盘　10—表圈　11—拉簧

使用百分表测量时，应注意以下几点。

1）使用前检查表盘与表针有无松动。

2）将百分表安装在合适的表座上，如图 1-14 所示。

3）测量零件时，测量杆必须垂直于被测量表面。

4）测量时，不要使测量杆的行程超过它的测量范围；不要使测头突然撞在零件上；不要使百分表受到剧烈的振动和撞击，也不要把零件强迫推入测头下，以免损坏百分表的零件而使其失去精度。

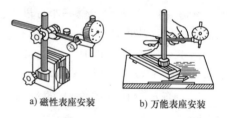

a) 磁性表座安装　　b) 万能表座安装

图 1-14　百分表的安装

5）找正或测量工件时，应当使测量杆有一定的初始测力，即在测头与工件表面接触时，测量杆应有 0.3~1mm 的压缩量。即：使指针转过半圈左右，然后转动表圈，使表盘的零位刻线对准指针。轻轻地拉动手提测量杆的圆头，拉起和放松几次，检查指针所指的零位有无改变。当指针的零位稳定后，再开始测量或找正工件的工作。

6）测量工件平面度或平行度误差时，将工件放在平台上，使测头与工件表面接触，调整指针使其摆动 1/3~1/2 转，然后把刻度盘零位对准指针，接着慢慢地移动工件，当指针顺时针方向摆动时，说明工件偏高，当指针逆时针方向摆动时，则说明工件偏低。

7）在使用百分表的过程中，要严格防止水、油和灰尘渗入表内，测量杆上也不要加油，以免粘有灰尘的油污进入表内，影响表的灵活性。

8）百分表不用时，应使测量杆处于自由状态，避免使表内的弹簧失效。如内径百分表上的量表不用时，应拆下来保存。

（4）游标万能角度尺的结构、刻线原理及读数　游标万能角度尺的结构如图 1-15 所示，由主尺、直角尺、游标尺、基尺、扇形板、直尺及卡块等组成。游标万能角度尺按测量精度（主尺每格角度与游标每格所对应的角度差）分为 2′、5′、10′等几种，测量精度为 2′ 的游标

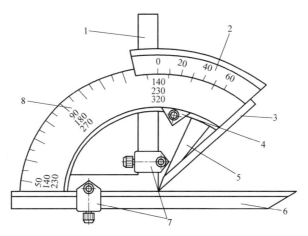

图 1-15　游标万能角度尺的结构

1—直角尺　2—游标尺　3—基尺　4—制动头　5—扇形板　6—直尺　7—卡块　8—主尺

万能角度尺应用较广。

　　游标万能角度尺又称角度规，它是利用活动直尺测量面相对于基尺测量面的旋转，对该两测量面间分隔的角度进行读数的角度测量器具。

　　在游标万能角度尺结构中，由于直尺和直角尺可以移动和拆换，因此游标万能角度尺可以测量 0°～320°的任何角度，如图 1-16 所示。

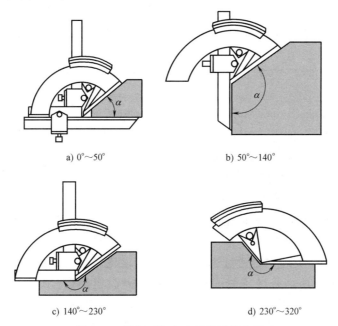

a) 0°～50°　　　　　　　　　b) 50°～140°

c) 140°～230°　　　　　　　　d) 230°～320°

图 1-16　游标万能角度尺的适用范围

温馨提示：

　　用游标万能角度尺测量零件角度时，应使基尺与零件角度的母线方向一致，且零件应与量角尺的两个测量面的全长上接触良好，以免产生测量误差；

游标万能角度尺注意事项

测量角度在 0°～50°范围内时，应装上直角尺和直尺；

测量角度在 50°～140°范围内时，去掉直尺，装上直角尺，并使它与扇形板连在一起；

测量角度在 140°～230°范围内时，把直尺和卡块卸掉，只装上直角尺，但要把直角尺推上去，直到直角尺短边与长边的交线和基尺的尖棱对齐为止；

测量角度在 230°～320°范围内时，把直角尺、直尺和卡块全部卸掉，只留下扇形板和主尺（带基尺）。

游标万能角度尺的读数机构是根据游标原理制成的。以测量精度为 2′的游标万能角度尺为例，其主尺刻线每格为 1°，游标尺的刻线是取主尺的 29°等分为 30 格，因此游标尺刻线每格角度为（29×60′）÷30＝58′，即主尺与游标尺一格的差值为 60′−58′＝2′。

用游标万能角度尺测量角度时，其读数方法可分为三个步骤，如图 1-17 所示。

图 1-17　游标万能角度尺读数

第一步：先读"度"的数值。

看游标尺零线左边主尺上最靠近一条刻线的数值，读出被测角"度"的整数部分，图 1-17 中被测角"度"的整数部分为 9°。

第二步：从游标尺上读出"分"的数值。

看游标尺上哪条刻线与主尺相应刻线对齐，可以从游标尺上直接读出被测角"度"的小数部分，即"分"的数值。图 1-17 中游标尺的 16 刻线与主尺刻线对齐，故小数部分为 16′。

第三步：被测角度等于上述两次读数之和，即 9°+16′＝9°16′。

温馨提示：

主尺上基本角度的刻线只有 90 个分度，如果被测角度大于 90°，在读数时，应加上一基数（90、180、270），即当被测角度：

为 90°～180°时，被测角度＝90°+角度尺读数；

为 180°～270°时，被测角度＝180°+角度尺读数；

为 270°～320°时，被测角度＝270°+角度尺读数。

（5）表面粗糙度的测量　表面粗糙度的测量目前常用的量具有表面粗糙度样块和表面粗糙度仪两种。

1）表面粗糙度样块。它是通过视觉和触觉，以比较法来检查机械零件加工后表面粗糙度的一种工作量具。通过目测或用放大镜将表面粗糙度样块与被测加工件进行比较，判断表面粗糙度的级别。它的表征参数为表面轮廓算术平均偏差 Ra 值。它完全符合国家标准GB/T 6060.2—2006、GB/T 6060.3—2008 和国家检定规程 JJF 1099—2003 的各项技术要求。

表面粗糙度样块材料：除研磨样块采用 GCr15 材料外，其余样块均采用 45 钢制成。

表面粗糙度样块规格如图 1-18 所示，具体如下：

八组样块：车外圆、刨、端铣、平铣、平磨、外磨、研磨、镗内孔；

七组样块：车床、刨床、立铣、平铣、平磨、外磨、研磨；

六组样块：车床、刨床、立铣、平铣、平磨、外磨；

笔记本样块：车床、立铣、平铣、平磨、外磨、研磨；

单组式：车床样块、刨床样块、立铣样块、平铣样块、平磨样块、外磨样块、研磨样块、镗床样块、手研；

双组式：车外圆磨外圆、镗内孔磨内孔。

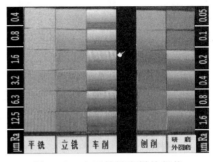

图 1-18　表面粗糙度样块规格

表面粗糙度样块比较检测方法如下：

以表面粗糙度样块工作面的表面粗糙度为标准，用目测法与被测表面进行比较，以判定被测表面是否符合规定。其中直接目测法表面粗糙度值 $Ra > 2.5\,\mu m$，放大镜目测法表面粗糙度值 Ra 为 $0.32 \sim 0.5\,\mu m$。用表面粗糙度样块进行比较检验时，表面粗糙度样块和被测表面的材质、加工方法应尽可能一致。表面粗糙度样块比较法简单易行，适合在生产现场使用。

2）表面粗糙度仪。如图 1-19 所示，表面粗糙度仪是利用针尖曲率半径为 $2\,\mu m$ 左右的金刚石触针沿被测表面缓慢滑行，金刚石触针的上、下位移量由电学式长度传感器转换为电信号，经放大、滤波、计算后由显示仪表指示出表面粗糙度值。

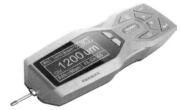

在移动过程中，尽量使置于工件表面的仪器放置平稳，以免影响该仪器的测量精度。

在传感器回到原来位置以前，仪器不会响应任何操作，直到一次完整的测量过程结束以后，才允许再次开始测量。

图 1-19　表面粗糙度仪

温馨提示：

图样或技术文件中规定测量方向时，按规定方向进行测量；

当图样或技术文件中没有指定方向时，则应在能给出表面粗糙度参数最大值的方向测量，该方向垂直于被测表面的加工纹理方向；

对无明显加工纹理的表面，测量方向可以是任意的，一般可选择几个方向进行测量，取其最大值作为表面粗糙度参数的数值。

表面粗糙度仪
注意事项

三、任务实施

任务目标：

1）能正确使用常用量具；

2）掌握常用量具的使用方法；

3）依据工艺文件（零件图 1-5）对零件进行尺寸、形状、位置精度及表面粗糙度的检验，填写钳工常用量具实训报告，见表 1-6。

表 1-6　钳工常用量具实训报告

班级		姓名		日期		得分	
序号	检测内容	检测量具					说明
1	尺寸精度	游标卡尺（0.02mm） 外径千分尺（0.01mm）					检测凸模直径 $\phi 37_{-0.015}^{0}$ mm 检测孔径 $\phi 12_{0}^{+0.18}$ mm
2	形状精度						加工设备保证
3	位置精度	用百分表（配 V 形架、磁力表架）检测 $\phi 80$mm 圆柱面的圆度及圆柱度					◯ 0.03 ⌭ 0.03
4	表面粗糙度	用表面粗糙度样块对比测量所标注的表面粗糙度（$Ra0.8\mu$m）					目测法、触摸法

测量数据记录

序号	检测内容	数据			备注
		1	2	3	
1	凸模直径 $\phi 37_{-0.015}^{0}$ mm				3 次数据测量位置不能相同
	孔径 $\phi 12_{0}^{+0.18}$ mm				
2	$\phi 80$mm 圆柱面的圆度及圆柱度				

请在游标卡尺及外径千分尺中选择一种量具并简述其测量过程及读数方法

四、知识拓展

1. 量块

量块也称为块规，是量具的长度基准，是从标准长度到零件之间尺寸传递的媒介，是技术测量上长度计量的基准，是主要用于鉴定和校准量具和量仪的基准量具，也可用于精密测量和机床的调整。量块推荐成套使用，如图 1-20 所示。量块的最小和最大标称长度分别 0.5mm 和 1m。常用成套量块的块数和每块量块的尺寸见表 1-7。

图 1-20　量块

表 1-7　常用成套量块的块数和每块量块的尺寸

套别	总块数	精度级别	尺寸系列/mm	间隔/mm	块数
1	91	00,0,1	0.5,1	—	2
			1.001,1.002,…,1.009	0.001	9
			1.01,1.02,…,1.49	0.01	49
			1.5,1.6,…,1.9	0.1	5
			2.0,2.5,…,9.5	0.5	16
			10,20,…,100	10	10
2	83	00,0,1 2,(3)	0.5,1,1.005	—	3
			1.01,1.02,…,1.49	0.01	49
			1.5,1.6,…,1.9	0.1	5
			2.0,2.5,…,9.5	0.5	16
			10,20,…,100	10	10
3	46	0,1,2	1	—	1
			1.001,1.002,…,1.009	0.001	9
			1.01,1.02,…,1.09	0.01	9
			1.1,1.2,…,1.9	0.1	9
			2,3,…,9	1	8
			10,20,…,100	10	10
4	38	0,1,2 (3)	1,1.005	—	2
			1.01,1.02,…,1.09	0.01	9
			1.1,1.2,…,1.9	0.1	9
			2,3,…,9	1	8
			10,20,…,100	10	10
5	10-	00,0,1	0.991,0.992,…,1	0.001	10
6	10+		1,1.001,…,1.009	0.001	10
7	10-		1.991,1.992,…,2	0.001	10
8	10+		2,2.001,…,2.009	0.001	10
9	8	00,0,1 2,(3)	125,150,175,200,250,300,400,500	—	8
10	5		600,700,800,900,1000	—	5

（1）量块的使用方法　量块是成套供应的，每套装成一盒。每盒中有各种不同尺寸的量块，其尺寸编组有一定的规定。但量块与量块之间具有良好的研合性，因此可以从成套的各种不同尺寸的量块中选取适当的量块组合成所需尺寸。鉴于累积误差，选取量块数应尽量

少，以不超过 4 块为宜。

为了使量块组的块数为最小值，在组合时就要根据一定的原则来选取量块尺寸，即首先选择能去除最小位数的尺寸的量块。

例如，要组成 87.545mm 的量块组，其量块尺寸的选择方法如下：

量块组的尺寸：87.545mm；

选用的第一块量块尺寸：1.005mm；

剩下的尺寸：86.54mm；

选用的第二块量块尺寸：1.04mm；

剩下的尺寸：85.5mm；

选用的第三块量块尺寸：5.5mm；

剩下的即为第四块量块尺寸：80mm。

（2）量块的使用注意事项

1）使用前，先在汽油中洗去防锈油，再用清洁的鹿皮或软绸擦干净。不要用棉纱头去擦量块的工作面，以免损伤量块的测量面。

2）清洗后的量块不要直接用手去拿，应当用软绸衬起来拿。若必须用手拿量块时，应当把手洗干净，并且要拿在量块的非工作面上。

3）把量块放在工作台上时，应使量块的非工作面与台面接触。不要把量块放在蓝图上，因为蓝图表面有残留化学物，会使量块生锈。

4）不要使量块的工作面与非工作面推合，以免擦伤测量面。

5）量块使用后，应及时在汽油中清洗干净，用软绸擦干后，涂上防锈油，放在专用的盒子里。若量块需要经常使用，可在洗净后不涂防锈油，放在干燥缸内保存。绝对不允许将量块长时间粘合在一起，以免由于金属粘接而引起不必要的损伤。

2. 塞尺

塞尺主要用来检验机床特别紧固面和紧固面、活塞和气缸、活塞环槽和活塞环、十字头滑板和导板、进排气阀顶端和摇臂、齿轮啮合间隙等两个接合面之间的间隙大小。塞尺由许多厚薄不一的薄钢片组成，如图 1-21 所示。按照塞尺的组别制成不同规格的塞尺，每把塞尺中的每片薄钢片具有两个平行的测量平面，且都有厚度标记，以供组合使用。塞尺的规格见表 1-8。

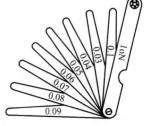
图 1-21　塞尺

（1）塞尺的使用方法

1）先将要测量的工件表面清理干净，不能有油污或其他杂质，必要时用磨石清理。

2）形成间隙的两工件必须相对固定，以免因松动导致间隙变化而影响测量效果。

3）根据目测的间隙大小选择适当规格的塞尺逐个塞入。

例如：用 0.03mm 塞尺能塞入，而用 0.04mm 塞尺不能塞入，这说明所测量的间隙为 0.03~0.04mm。

4）当间隙较大或希望测量出更小的尺寸范围时，单片塞尺已无法满足测量要求，可以使用数片叠加在一起插入间隙中（在塞尺的最大规格能满足使用间隙要求时，尽量避免多片叠加，以免造成累积误差）。

表 1-8　塞尺的规格

A 型	B 型	塞尺片长度/mm	片数	塞尺的厚度/mm 及组装顺序
组别标记				
75A13	75B13	75	13	0.02;0.02;0.03;0.03;0.04; 0.04;0.05;0.05;0.06;0.07; 0.08;0.09;0.10
100A13	100B13	100		
150A13	150B13	150		
200A13	200B13	200		
300A13	300B13	300		
75A14	75B14	75	14	1.00;0.05;0.06;0.07;0.08; 0.09;0.19;0.15;0.20;0.25; 0.30;0.40;0.50;0.75
100A14	100B14	100		
150A14	150B14	150		
200A14	200B14	200		
300A14	300B14	300		
75A17	75B17	75	17	0.50;0.02;0.03;0.04;0.05; 0.06;0.07;0.08;0.09;0.10; 0.15;0.20;0.25;0.30;0.35; 0.40;0.45
100A17	100B17	100		
150A17	150B17	150		
200A17	200B17	200		
300A17	300B17	300		

例如：塞尺片最大规格为 0.5mm，间隙尺寸约为 0.65mm 时，就需要使用 0.5mm 与 0.15mm 塞尺片叠加测量。

（2）使用塞尺时注意事项

1）根据接合面的间隙情况选用塞尺片数，但片数越少越好。

2）测量时不能用力太大，以免塞尺弯曲或折断，不能用塞尺测量温度较高的工件。

3）观察塞尺有无弯折、生锈，以免影响测量的准确度。

任务三　划线与锉削

一、任务导入

锉削长方体，零件图如图 1-22 所示。备料：45 钢；毛坯尺寸：端面边长为 37mm±1mm。

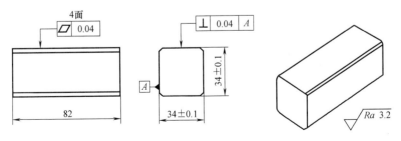

图 1-22　长方体零件图

二、知识链接

1. 划线

划线是根据图样要求，在零件表面（毛坯面或已加工表面）上准确地划出加工界限的操作。划线是工具钳工的一种基本操作，是零件成形加工前的一道重要工序。

（1）划线的作用

1）所划的轮廓线即为毛坯或半成品的加工界限和依据，所划的基准点或线是工件安装时的标记或找正线。

2）在单件或小批量生产中，用划线来检查毛坯或半成品的形状和尺寸，合理地分配各加工表面的余量，及早发现不合格品，避免造成后续加工工时的浪费。

3）在板料上划线下料，可做到正确排料，合理利用材料。

（2）划线的种类

1）平面划线：即在工件的一个平面上划线后即能明确表示加工界限，它与平面作图法类似，如图 1-23a 所示。

2）立体划线：是平面划线的复合，是在工件的几个相互成不同角度的表面（通常是相互垂直的表面）上都划线，即在长、宽、高三个方向上划线，如图 1-23b 所示。

（3）划线的工具及其用法 按用途不同，划线工具分为基准工具、支承装夹工具、直接绘划工具和测量工具等。

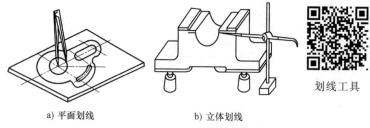

a) 平面划线　　　　　　b) 立体划线

划线工具

图 1-23　平面划线和立体划线

1）基准工具——划线平板。划线平板由铸铁制成，整个平面是划线的基准平面，要求非常平直和光洁，如图 1-24 所示。使用划线平板时要注意以下几点。

① 安放工件时要平稳牢固，上平面应保持水平。

② 不准碰撞和用锤敲击划线平板，以免使其精度降低。

③ 长期不用时，应涂油防锈，并加盖保护罩。

2）支承装夹工具——方箱、千斤顶、V 形铁等。

① 方箱。方箱是铸铁制成的空心立方体，各相邻的两个面均互相垂直，如图 1-25a 所示。方箱用于夹持、支承尺寸较小而加工面较多的工件。通过翻转方箱，便可在工件的表面上划出互相垂直的线条。

② 千斤顶。千斤顶在平板上支承较大及不规则工件时使用，其高度可以调整，如图 1-25b 所示。通常用三个千斤顶支承工件。

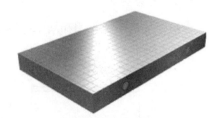

图 1-24　划线平板

③ V 形铁。V 形铁用于支承圆柱形工件，使工件轴线与底板平行，如图 1-25c 所示。

3）直接绘划工具——划针、划规、划针盘和样冲等。

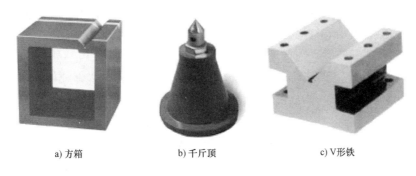

a) 方箱　　　　　　　b) 千斤顶　　　　　　　c) V形铁

图 1-25　夹持工具

① 划针：在工件表面划线用的工具。常用的划针采用碳素工具钢或弹簧钢制成（有的划针在其尖端部位焊有硬质合金），直径为 $\phi3\sim\phi6mm$，尖端磨成 15°～20°，如图 1-26a 所示，并淬火。划针常与钢直尺、直角尺等导向工具一起使用。

划线时划针尖端要紧贴导向工具移动，上端向外侧倾斜 15°～20°，向划线方向倾斜 45°～75°，如图 1-27 所示。划线时要做到一次划成，不要重复。

② 划规：划圆、弧线、等分线段及量取尺寸等用的工具，如图 1-26b 所示。它的用法与制图用的圆规相似。

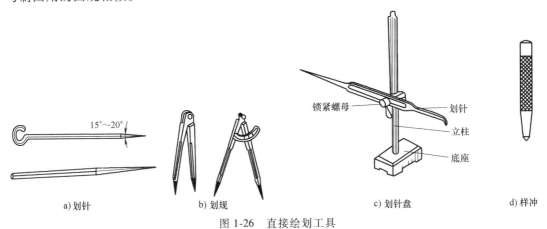

a) 划针　　　　　　b) 划规　　　　　　c) 划针盘　　　　d) 样冲

图 1-26　直接绘划工具

③ 划针盘：主要用于立体划线和找正工件的位置。它由底座、立柱、划针和锁紧装置等组成，如图 1-26c 所示。划针的直头端用来划线，弯头端用来找正工件的位置。划针伸出部分应尽量短，在拖动底座划线时，应使它与平板平面贴紧。划线时，划针盘朝划线（移动）方向倾斜 30°～60°，如图 1-28 所示。使用完后，应将划针的直头端向下，处于垂直状态。

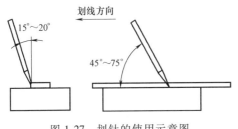

图 1-27　划针的使用示意图

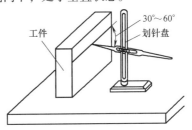

图 1-28　划针盘的使用示意图

④ 样冲：用于在工件划线点上打样冲眼，以备所划线模糊后仍能找到原划线的位置；在划圆和钻孔前应在其中心打样冲眼，以便定心。其结构如图 1-26d 所示。

使用样冲的方法和注意事项如下：

a. 打样冲眼时，将样冲斜着放在所划线上，锤击前再竖直，以保证样冲眼的位置准确，如图 1-29a 所示。

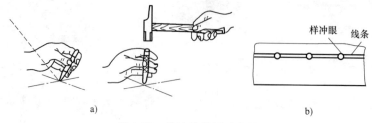

图 1-29　样冲的使用示意图

b. 样冲眼应打在线宽的正中间，且间距要均匀，如图 1-29b 所示。样冲眼间距由线的长短及曲直来决定。在短线上样冲眼间距应小些，而在长的直线上样冲眼间距可大些。在直线上打样冲眼间距可大些，在曲线上打样冲眼间距应小些。在线的交接处样冲眼间距也应小些。

另外，在曲面凸出的部分必须打样冲眼，因为此处更易磨损；在用划规划圆弧的地方，要在圆心上打样冲眼，作为划规脚尖的立脚点，以防划规滑动。

c. 样冲眼的深浅要适当。薄工件样冲眼要浅，以防变形；软材料不需打样冲眼；较光滑表面样冲眼要浅或不打样冲眼；孔的中心样冲眼要打深些，以便钻孔时钻头对准中心。

4）测量工具——钢直尺、直角尺、高度游标卡尺等。钢直尺、直角尺、高度游标卡尺的功能见表 1-9。

表 1-9　钢直尺、直角尺、高度游标卡尺的功能

名称	图　例	功　用
钢直尺		用来测量工件的长度、宽度、高度及深度等，规格有 100mm、300mm、500mm、1000mm 四种。钢直尺用于测量零件的尺寸时误差比较大
高度游标卡尺		高度游标卡尺是高度尺和划针盘功能的组合，是精密量具及划线工具，其规格有 0～200mm、0～300mm、0～500mm、0～1000mm，分度值一般为 0.02mm、0.05mm 和 0.10mm，注意：不允许用高度游标卡尺在毛坯上划线
直角尺		直角尺既可作为划垂直线及平行线的导向工具，又可找正工件在划线平板上的垂直位置，检查两垂直面的垂直度或单个平面的平面度

（4）划线前的准备　划线前，首先要读懂图样和工艺文件，明确划线的任务，其次是检查工件的形状和尺寸是否符合图样要求，然后选择划线工具，最后对划线部位进行清理和涂色。

1）工件的清理。工件的清理是指清除毛坯件上的氧化皮、飞边、残留的泥沙污垢以及已加工工件上的毛刺、铁屑等，否则将影响划线的精度，损伤较精密的划线工具。

2）工件的涂色。工件的涂色是指划线时，在工件的划线部位涂上一层涂料，使划出的线条更清晰。常用的涂料有石灰水和蓝油等。铸件和锻件毛坯一般采用石灰水，若加入适量的牛皮胶，则附着力较强，效果较好；已加工表面一般涂蓝油（由 2%~4%甲紫、3%~5%虫胶漆和 91%~95%酒精配制而成）。涂抹时，要尽可能涂得薄而均匀，以保证划线清楚，否则容易脱落。

3）在工件的孔中装中心塞块。在有孔的工件上划圆或等分圆周时，必须先找出孔的圆心点。为此，一般要在孔中装上中心塞块。对于小孔，通常是敲入铅块，较大的孔则用木料或可调节的塞块。

（5）划线基准　在划线时，选择工件上的某个点、线或面作为依据，用它来确定工件的各部分尺寸、几何形状及工件上各要素的相对位置，这个依据称为划线基准。

划线应从划线基准开始。选择划线基准的基本原则：尽可能使划线基准和设计基准（设计图样上所采用的基准）重合，这样能直接量取划线尺寸，简化尺寸换算过程。

1）若工件上有已加工表面，则应以已加工表面为划线基准。

2）若工件为毛坯，则应选重要孔的中心线为划线基准。

3）若毛坯上无重要孔，则应选较平整的大平面为划线基准。

划线基准一般有以下三种类型，见表 1-10。

表 1-10　划线基准的三种类型

序号	划线基准类型	图　　例
1	以两个互相垂直的平面（或直线）为基准	
2	以两条互相垂直的中心线为基准	

（续）

序号	划线基准类型	图　例
3	以互相垂直的一个平面和一条中心线为基准	

（6）划线步骤

1）看清并分析图样与实物，确定划线基准，检查毛坯质量。

2）清理毛坯上的氧化皮、粘砂、飞边、油污，去除已加工工件上的毛刺等。

3）在需要划线的表面上涂上适当的涂料。

4）确定孔的圆心时预先在孔中安装塞块。

5）划线顺序：基准线、水平线—垂直线、斜线—圆、圆弧线。

6）划毕经检验后在所需位置打样冲眼。

划线实例：连接盘如图 1-30 所示，划线操作要点及步骤见表 1-11。

划线操作

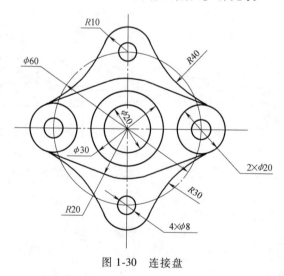

图 1-30　连接盘

2. 锉削

锉削是用锉刀对工件表面进行切削加工，使工件达到所要求的尺寸、形状和表面粗糙度的方法。锉削是钳工中重要的工序之一。尽管它的效率不高，但在现代工业生产中用途仍很

表 1-11　连接盘划线操作要点及步骤

步骤	操　作　要　点
1	划出两条相互垂直的中心线,作为基准线
2	以两中心线交点为圆心,分别划 $\phi20mm$、$\phi30mm$ 圆线
3	以两中心线交点为圆心,划 $\phi60mm$ 点画线圆,与基准线相交于 4 个点
4	分别以与基准线相交的 4 个点为圆心划 $\phi8mm$ 圆 4 个,再在图示水平位置划 $\phi20mm$ 圆 2 个
5	在划线基准线的中心划上、下两段 $R20mm$ 的圆弧线,划 4 条切线分别与两个 $R20mm$ 圆弧线和 $\phi20mm$ 圆外切
6	在垂直位置上以 $\phi8mm$ 圆心为中心,划两个 $R10mm$ 半圆
7	用 $R40mm$ 圆弧外切连接 $R10mm$ 和 $2\times20mm$ 圆弧,用 $R30mm$ 圆弧外切连接 $R10mm$ 和 $2\times20mm$ 圆弧
8	对照图样检查无误后,打样冲眼

广泛。例如:对装配过程中的个别零件做最后修整;在维修工作中或在单件小批量生产条件下,对一些形状较复杂的零件进行加工;制作工具或模具;手工去毛刺、倒角、倒圆等。总之,一些不需要用机械加工方法来完成的表面,采用锉削方法更简便、经济,且能达到较小的表面粗糙度值(尺寸精度可达 0.01mm,表面粗糙度值 Ra 可达 1.6~0.8μm)。

(1)锉削工具

1)锉刀。锉削的主要工具是锉刀。锉刀是用高碳工具钢 T12、T12A 和 T13A 等制成的,经热处理淬硬,硬度可达 62HRC 以上。目前使用的锉刀规格已标准化。

锉刀简介

①锉刀的组成。锉刀主要由锉齿、锉刀面、锉刀尾和锉刀把等组成,如图 1-31 所示。

②锉刀的种类。锉刀按用途不同分为钳工锉、特种锉(硬质合金锉)、整形锉三种,其中钳工锉使用最多。钳工锉按截面形状不同分为扁锉、方锉、圆锉、半圆锉和三角锉五种;按其长度可分为 100mm、125mm、150mm、200mm、250mm、300mm、350mm 和 400mm 等多种;按其齿纹可分为单齿纹、双齿纹(大多用双齿纹);按其齿纹疏密程度可

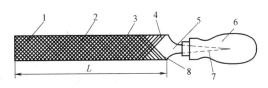

图 1-31　锉刀的组成

1—锉齿　2—锉刀面　3—锉刀边　4—底齿　5—锉刀尾
6—锉刀把　7—锉舌　8—面齿

分为粗齿锉、中齿锉、细齿锉和油光锉等(锉刀的粗细以每 10mm 长的齿面上锉齿齿数来表示,粗齿锉为 4~12 齿,细齿锉为 13~24 齿,油光锉为 30~36 齿)。锉刀的种类、形状和用途见表 1-12。

③锉刀的选用。根据工件形状和加工面的大小选择锉刀的形状和规格;根据加工材料的软硬、加工余量、精度和表面粗糙度值的要求选择锉刀的粗细。粗齿锉的齿距大,不易堵塞,适宜于粗加工(即加工余量大、精度等级和表面质量要求低)及铜、铝等软金属;细齿锉适宜于钢、铸铁以及表面质量要求高的工件的锉削;油光锉只用来修光已加工表面。锉刀越细,锉出的工件表面越光滑,但生产率越低。锉刀的具体选用见表1-13、表 1-14。

表 1-12　锉刀的种类、形状和用途

名　称	锉刀的种类和断面形状图	用途
钳工锉	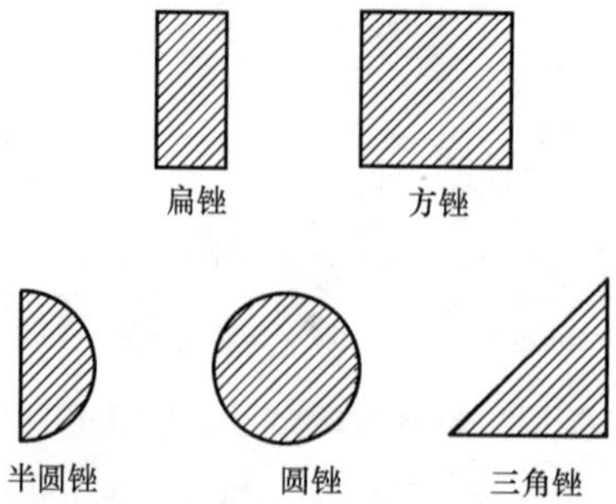 扁锉　　方锉 半圆锉　　圆锉　　三角锉	用于加工金属零件的各种表面,加工范围广
特种锉	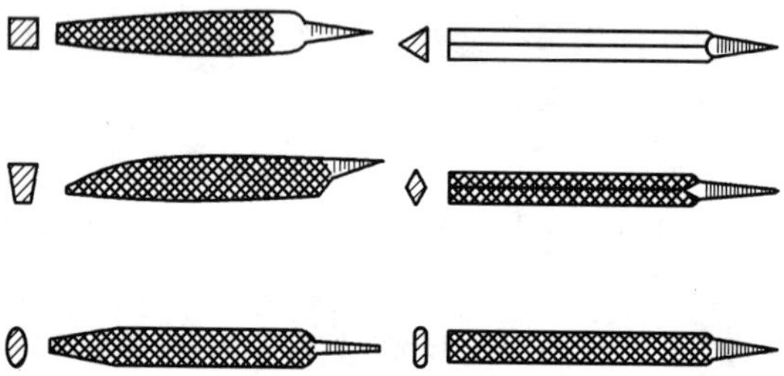	主要用于锉削工件上特殊的表面
整形锉	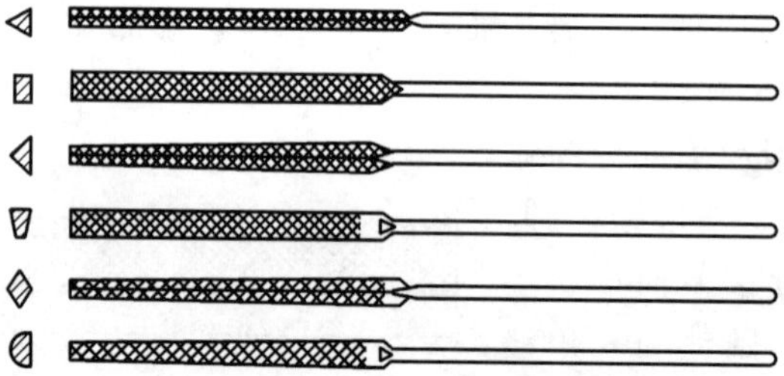	主要用于机械、模具、电器和仪表等零件进行的整形加工,通常一套分 5 把、6 把、9 把和 12 把等几种

表 1-13　锉刀形状的选用

类别	图　示	用　途
扁锉	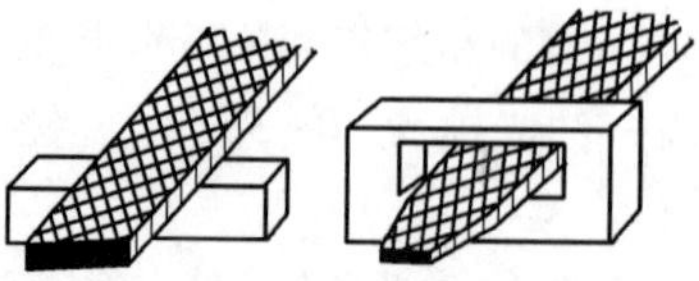	锉平面、外圆、凸弧面
半圆锉	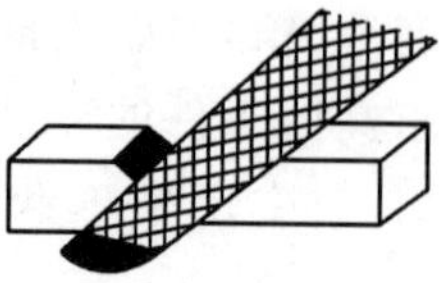	锉凹弧面、平面

（续）

类别	图　　示	用　　途
三角锉	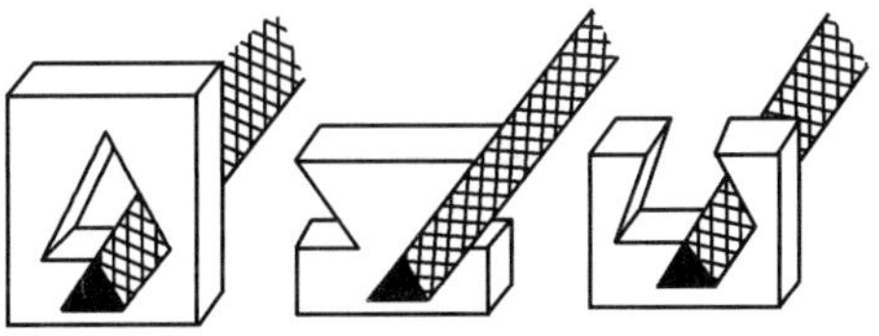	锉内角、三角孔、平面
方锉	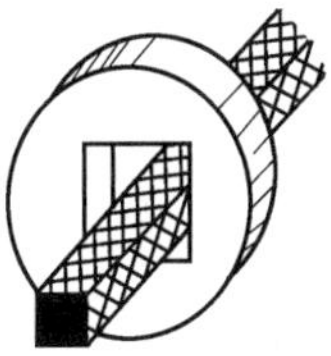	锉方孔、长方孔
圆锉	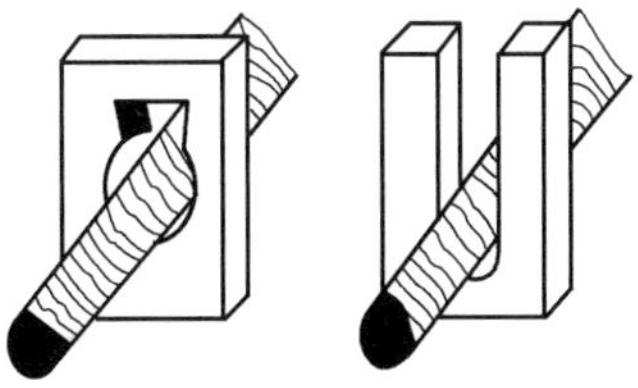	锉圆孔、半径较小的凹弧面、内椭圆面
菱形锉	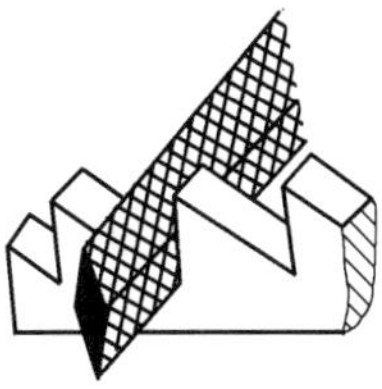	锉菱形孔、锐角槽
刀口锉	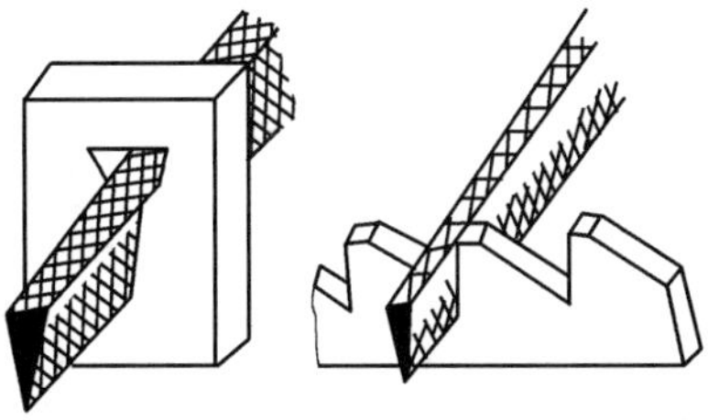	锉内角、窄槽、楔形槽,锉方孔、三角孔、长方孔的平面

表 1-14　锉刀齿纹粗细规格及选用

锉刀齿纹粗细	适用场合		
	锉削余量/mm	尺寸精度/mm	表面粗糙度值/μm
1 号（粗齿锉）	0.5~1	0.2~0.5	$Ra50~25$
2 号（中齿锉）	0.2~0.5	0.05~0.2	$Ra25~6.3$
3 号（细齿锉）	0.1~0.3	0.02~0.05	$Ra12.5~3.2$
4 号（双细齿锉）	0.1~0.2	0.01~0.02	$Ra6.3~1.6$
5 号（油光锉）	<0.1	<0.1	$Ra1.6~0.8$

2）锉刀的握法。

① 较大锉刀的握法：较大锉刀一般指长度大于 250mm 的锉刀，右手手心抵着锉刀木柄的端头，大拇指放在锉刀木柄的上面，其余四指弯在下面，配合大拇指捏住锉刀木柄，左手则根据锉刀大小和用力的轻重，有多种姿势，如图 1-32 所示。

② 中锉刀的握法：右手握法与较大锉刀的握法相同，左手用大拇指和食指捏住锉刀前端，如图 1-33a 所示。

③ 小锉刀的握法：右手食指伸直，拇指放在锉刀木柄上面，食指靠在锉刀的刀边，左手几个手指压在锉刀中部，如图 1-33b 所示。

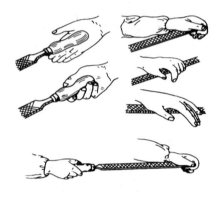
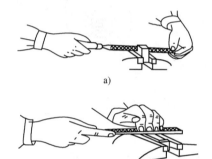

图 1-32　较大锉刀的握法　　　图 1-33　中、小锉刀的握法　　　锉削姿势

（2）装夹工件　工件必须牢固地装夹在台虎钳钳口的中部，需锉削的表面应略高于钳口，但不能高得太多。夹持已加工表面时，应在钳口与工件之间垫以铜片或铝片。

（3）锉削姿势　正确的锉削姿势能够减轻疲劳，提高锉削质量和效率。如图 1-34 所示，人的站立姿势为：左腿在前弯曲，右腿伸直在后，身体向前倾（约 10°），重心落在左腿上。锉削时，两腿站稳不动，靠左膝的屈伸使身体做往复运动，手臂和身体的运动要相互配合，并要使锉刀的全长充分被利用。

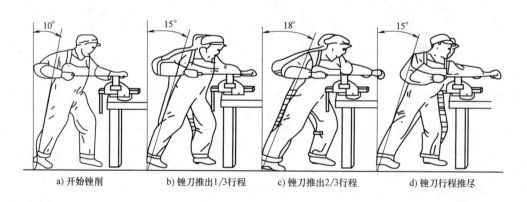

a) 开始锉削　　　b) 锉刀推出1/3行程　　　c) 锉刀推出2/3行程　　　d) 锉刀行程推尽

图 1-34　锉削姿势

（4）锉削方法　见表 1-15。

表 1-15　常见的锉削方法

锉削方法		图　示	操作方法
平面锉削	顺向锉法		锉刀运动方向与工件夹持方向始终一致。在锉宽平面时,每次退回锉刀时应在横向做适当的移动。顺向锉法的锉纹整齐一致,比较美观,是最基本的一种锉削方法,较小的平面和最后锉光都用这种方法
	交叉锉法		锉刀运动方向与工件夹持方向成30°～40°角,且锉纹交叉。由于锉刀与工件的接触面大,锉刀容易掌握,同时从刀痕上可以判断出锉削面的高低情况,表面容易锉平,一般适于粗锉
	推锉法		用两手对称横握锉刀,用大拇指推动锉刀顺着工件长度方向进行锉削,此法一般用来锉削狭长平面
曲面锉削	外圆弧面锉法		对外圆弧面做修整时,一般用锉刀顺着圆弧锉削,在锉刀做前进运动时,还应绕工件圆弧的中心做摆动
	内圆弧面锉法		锉刀要同时完成三个运动:前进运动、向左或向右移动和绕锉刀中心线转动(按顺时针或逆时针方向转动约90°)。三种运动须同时进行,才能锉好内圆弧面
	球面锉法		推锉时,锉刀相对球面中心线摆动,同时又做弧形运动

温馨提示：

锉刀只在推进时加力进行切削，返回时不加力、不切削，把锉刀返回即可，否则易造成锉刀过早磨损；锉削时利用锉刀的有效长度进行切削加工，不能只用局部某一段，否则局部磨损过重，会造成寿命降低；锉削速度一般为 30~40 次/min，速度过快，易降低锉刀的使用寿命。

锉刀使用

（5）锉削质量的检测

1）平面锉削质量检测。

① 检测直线度和平面度：可采用刀形样板尺检测平面的直线度和平面度，要多检测几个部位并进行对角线检测；精度较低时也可采用钢直尺和直角尺以透光法来检测。

刀形样板尺

② 检测垂直度：用直角尺采用透光法检测，应选择基准面，然后对其他面进行检测。

③ 检测尺寸：根据尺寸精度用钢直尺和游标卡尺在不同尺寸位置上多测量几次。

④ 检测表面粗糙度：一般用眼睛观察即可，也可用表面粗糙度样板进行对照检查。

2）曲面锉削质量的检测。对于锉削加工后的内、外圆弧面，可采用半径样板检测曲面的轮廓度。半径样板通常包括凸面样板和凹面样板两类，如图 1-35 所示。其中凸面样板本身为标准内圆弧面，凹面样板用于测量外弧面。测量时，要在整个弧面上测量，综合进行评定。

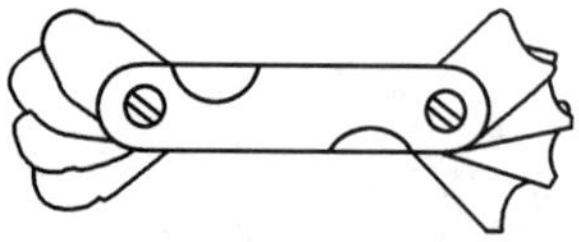

图 1-35　半径样板

（6）锉削注意事项

1）禁止使用无手柄或手柄松动的锉刀，防止锉舌刺伤手。

2）锉刀表面产生积屑瘤阻塞切削刃时，禁止用力敲打锉刀，应用钢丝刷刷除积屑。

3）锉削过程中，禁止用嘴吹工件上的铁屑，以防铁屑飞进眼睛。

4）锉削过程中，禁止用手触摸锉面，以防锉刀打滑。

5）放置锉刀时，禁止放在工作台以外和台虎钳上，以免锉刀滑落损坏或伤脚。

三、任务实施

锉削长方体的操作要点及步骤见表 1-16。

表 1-16　锉削长方体的操作要点及步骤

步骤	操作要点	备注
1	粗、精锉基准面 A 粗锉用 300mm 粗齿扁锉，精锉用 250mm 细齿扁锉，达到平面度 0.04mm、表面粗糙度值 $Ra \leqslant 3.2\mu m$ 的要求	工具和量具：游标卡尺、千分尺、高度游标卡尺、直角尺、刀口形直尺、塞尺、整形锉、钳工锉、划针等 辅助工具：软钳口衬垫、锉刷、涂料等
2	粗、精锉基准面 A 的对面 首先用高度游标卡尺划出相距 34mm 的平面加工线，再粗锉，留 0.15mm 左右的精锉余量，最后精锉到图样要求	
3	粗、精锉基准面 A 的任一邻面 首先用直角尺和划针划出平面加工线，然后锉削达到图样要求（垂直度用直角尺检测）	
4	粗、精锉基准面 A 的另一邻面 首先相距对面 34mm 划平面加工线，然后粗锉，留 0.15mm 左右的精锉余量，最后精锉到图样要求	
5	全部复检，并做必要的修整锉削，最后将两端锐边均匀倒角 C1	

四、知识拓展

（1）找正　对于毛坯工件，划线前一般都要先做好找正工作。找正就是利用划线工具使工件上相关的表面与基准面之间处于合适的位置。

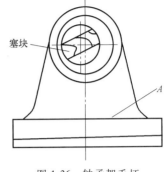

图 1-36　轴承架毛坯

找正的目的是当工件上有不需要加工的表面时，应按不加工表面找正后再划加工线，这样可以保证待加工表面与不需要加工的表面之间保持尺寸均匀。如图 1-36 所示的轴承架毛坯，由于内孔与外圆不同心，底面和 A 面不平行，划线前应找正。在划内孔加工线之前，应以不需要加工的外圆作为找正依据，用单脚划规求出其中心，然后按求出的中心划出内孔的加工线。这样，内孔与外圆就可基本达到同心。

温馨提示：

当工件上有两个以上不加工表面时，应选择重要的或较大的不加工表面作为找正依据，并兼顾其他不加工表面，这样不仅可以使划线后的加工表面与不加工表面之间的尺寸比较均匀，而且可以使误差集中到次要或不明显的部位。

当工件上没有不加工表面时，可对各待加工表面自身位置找正后再划线。这样可以使各待加工表面的加工余量均匀分布，避免加工余量相差悬殊，有的过多、有的过少。

找正注意事项

（2）借料　当毛坯的尺寸、形状或位置误差和缺陷难以用找正划线的方法得以补救时，就需要利用借料的方法来解决。

借料就是通过试划和调整，使各待加工表面的余量互相借用，合理分配，从而保证各待加工表面都有足够的加工余量，使误差和缺陷在加工后可消除。

借料步骤如下：

1）测量工件各部分尺寸，找出偏移的位置和偏移量的大小。

2）合理分配各部位加工余量，然后根据工件的偏移方向和偏移量，确定借料方向和借料大小，划出基准线。

3）以基准线为依据，划出其余线条。

4）检查各加工表面的加工余量，如发现有余量不足的现象，应调整借料方向和借料大小，重新划线。

例如：图 1-37 所示为一铸件圆环毛坯，其内孔和外圆都需要加工。当毛坯件内孔和外圆偏心较大时，为保证内孔和外圆都有足够的加工余量，须采用借料的方法。如图 1-37a 所示，如不顾及内孔去划外圆，则内孔的加工余量不够；反之，如图 1-37b 所示，如不顾及外圆去划内孔，则外圆的加工余量不够。因此，只有内孔

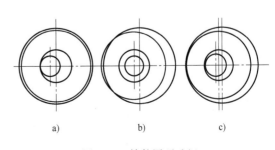

a)　　　　　b)　　　　　c)

图 1-37　铸件圆环毛坯

和外圆都兼顾（图1-37c），恰当地选择圆心位置，才能保证内孔和外圆都具有足够的加工余量。

任务四　钻 削 加 工

一、任务导入

加工固定板上的孔，如图1-38所示。备料：45钢；毛坯尺寸：端面边长为60mm×60mm×20mm。

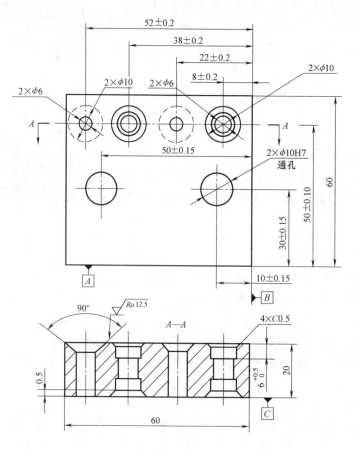

技术要求

1. A、B、C面相互垂直，且垂直度公差不大于0.05。
2. A、B、C的对应面平行于A、B、C面的平行度公差不大于0.05。

图1-38　固定板

二、知识链接

钻削加工是钳工的主要工作内容之一，小到制造一个零件大到机器装配，几乎都离不开钻削加工。钻削的加工尺寸公差等级为IT10~IT11，表面粗糙度值 Ra 可达 $12.5 \sim 50 \mu m$。

用钻头在实体材料上加工出孔，称为钻孔。钻孔在工具钳工生产中是一项重要的工作，其中用扩孔钻、铰刀等进行扩孔和铰孔可对已有的孔进行再加工。

1. 钻孔工具

（1）麻花钻 钻头是钻孔用的刀削工具，常用高速钢制造，工作部分经热处理淬硬至62~65HRC。钻头的种类较多，最常用的是麻花钻。麻花钻主要由柄部、颈部和工作部分组成，如图 1-39 所示。

1）柄部。钻头的柄部是与钻孔机械的连接部分，钻孔时用来传递所需的转矩和轴向力。柄部分圆柱形和圆锥形（莫氏圆锥）两种形式，钻头直径小于13mm 的采用圆柱形，钻头直径大于13mm 的一般采用圆锥形。锥柄的扁尾能避免钻头在主轴孔或钻套中打滑，并便于用楔铁把钻头从主轴锥孔中打出。

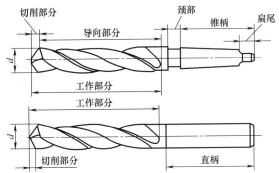

图 1-39 麻花钻结构示意图

2）颈部。钻头的颈部为磨制钻头时供砂轮退刀用，一般也用来打印商标和规格。

3）工作部分。工作部分由切削部分和导向部分组成。切削部分由两条主切削刃、一条横刃、两个前面和两个后面组成，如图 1-40 所示，其作用是完成切削工作；导向部分有两条螺旋槽和两条窄的螺旋形棱边，与螺旋槽表面相交成两条棱刃（副切削刃），导向部分在切削过程中使钻头保持正直的钻削方向并起修光孔壁的作用，通过螺旋槽可排屑和输送切削液，导向部分还是切削部分的后备部分。

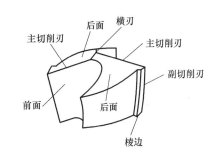

图 1-40 麻花钻切削部分的构成示意图

（2）夹具 钻孔用的夹具主要包括钻头夹具和工件夹具两种。

1）钻头夹具。对于直柄钻头可采用钻夹头直接装夹，如图 1-41a 所示。用钻夹头装夹钻头时，夹持长度不应小于 15mm，如图 1-41b 所示。

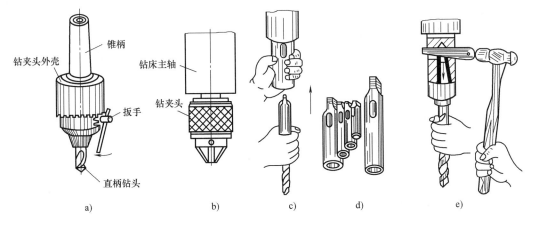

a)　　　　　b)　　　　c)　　　d)　　　　e)

图 1-41 钻头夹具

对于锥柄钻头，当锥柄钻头柄部的莫氏锥度与钻床主轴锥孔的尺寸及锥度一致时，可直接将钻头插入到主轴锥孔内，如图 1-41c 所示；当锥度不一致时，应加一个或几个钻套（数量少为好，这样连接刚性才好）来过渡连接，如图 1-41d 所示。不管加钻套与否，在装夹前都必须将锥柄和主轴锥孔擦干净，并使扁尾对准腰形孔，然后利用加速冲力一次装接，才能保证连接可靠。拆卸钻头或钻头套时，要用斜铁敲入腰形孔内，斜铁斜面向下，利用斜面的推力使钻头与钻头套分离，即可拆下钻头或钻头套，如图 1-41e 所示。

2）工件夹具。常用的工件夹具有手虎钳（装夹小而薄的工件）、机用平口钳（装夹加工过且有相对平行面的工件）、V 形块（装夹圆柱形工件）和压板（装夹大型工件）等，如图 1-42 所示。装夹工件要牢固可靠，但又不准将工件夹得过紧而损伤表面，或使工件变形影响钻孔质量（特别是薄壁工件和小工件）。

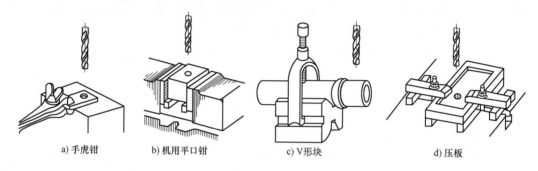

a) 手虎钳　　　　b) 机用平口钳　　　　c) V 形块　　　　d) 压板

图 1-42　工件夹具

2. 钻孔操作

（1）切削用量的选择　钻孔切削用量是指钻头的切削速度（或主轴转速）、进给量和背吃刀量的总称。切削用量越大，单位时间内切除的金属量越多，生产率越高。但切削用量受钻床功率、钻头强度、钻头寿命、工件精度等许多因素的限制，不能任意提高。

钻削操作

钻孔时选择切削用量的基本原则：在允许范围内，尽量先选较大的进给量，当进给量受孔表面粗糙度和钻头刚度的限制时，再考虑选较大的切削速度（或主轴转速）。

温馨提示：

钻孔时，选择转速和进给量的方法如下：

用小钻头钻孔时，转速可快些，进给量要小些；用大钻头钻孔时，转速要慢些，进给量适当大些。

钻硬材料时，转速要慢些，进给量要小些；钻软材料时，转速要快些，进给量要大些；用小钻头钻硬材料时可以适当地减慢速度。

钻孔注意事项

钻孔时手进给的压力根据钻头的工作情况，以目测和感觉进行控制，在实习中应注意掌握。

（2）划线　钻孔前应在工件上划出所要钻孔的十字中心线和直径。在孔的圆周上（90°位置）打 4 个样冲眼，以备钻孔后的检查用。孔中心的样冲眼作为钻头定心用，应大而深，使钻头在钻孔时不偏离中心。

（3）钻孔方法 钻孔开始时，先调正钻头或工件的位置，使钻尖对准钻孔中心，然后试钻一浅坑。如钻出的浅坑与所划的钻孔圆周线不同心，可移动工件或钻床主轴予以找正。若钻头较大，或浅坑偏得较多，用移动工件或钻头很难取得效果，这时可在原中心孔上用样冲加深样冲眼深度或用油槽錾錾出几条沟槽，如图1-43所示，以减少此处的切削阻力，使钻头偏移过来，达到找正的目的。

1）钻通孔：在孔将被钻透时，进给量要减小，变自动进给为手动进给，避免钻头在钻穿的瞬间抖动，出现"啃刀"现象，影响加工质量，损坏钻头，甚至发生事故。

2）钻不通孔：要注意掌握钻孔深度，以免将孔钻深，出现质量事故。控制钻孔深度的方法有：调整好钻床上深度标尺挡块、安置控制长度量具或用粉笔做标记。

3）钻深孔：一般钻孔深度达到直径的3倍时，钻头要退出排屑，以后每钻一定深度，钻头即退出排屑一次，以免切屑阻塞而扭断钻头。

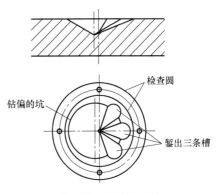

图1-43 试钻孔方法

（4）钻孔的安全操作

1）钻孔时工件要夹紧。

2）钻孔时不准戴手套；女同志要戴工作帽、将长发盘于工作帽中。

3）工作中不准清理切屑；清理切屑时不能用手去拉或用嘴吹，应用钩子或刷子清理，钻钢料时应加切削液或润滑液。

4）钻孔时，工作台上不准放刀具、量具等物品，夹紧或松开钻夹头应用紧固扳手，不准用锤子等重物敲打。

5）调整转速应先停机再调整。

3. 扩孔

扩孔用于扩大已加工出的孔（铸出、锻出或钻出的孔），属于半精加工。它可以找正孔的轴线偏差，并使其获得正确的几何形状和较小的表面粗糙度值，其尺寸公差等级一般为IT9～IT10，表面粗糙度值为$Ra3.2～6.3\mu m$。扩孔的加工余量一般为0.2～4mm。

扩孔时可用钻头扩孔，但当孔精度要求较高时常用扩孔钻。如图1-44所示，扩孔钻的形状与钻头相似，不同的是扩孔钻有3～4个切削刃，且没有横刃，其顶端是平的，螺旋槽较浅，故钻心粗实、刚性好，不易变形，导向性好。

扩孔加工特点如下：

1）质量高：扩孔可以找正孔的轴线偏差，质量比钻孔高，可以作为精度要求不高的孔的终加工或者铰孔前的预加工。

2）生产率高：在已有孔上扩孔加工，切削量小，进给量大，生产率较高。

3）在成批或大量生产时，为提高钻削孔、铸锻孔或冲压孔的精度和减小表面粗糙度值，也常使用扩孔钻扩孔。

4. 铰孔

铰孔是用铰刀从孔壁上切除微量金属层，以提高孔的尺寸精度和表面质量的加工方法，

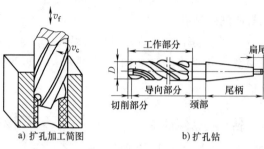

图 1-44　扩孔钻

属于精加工。其尺寸公差等级可达 IT6~IT7，表面粗糙度值为 $Ra0.4~0.8\mu m$。

铰刀按铰孔方式分为手用铰刀、机用铰刀，如图 1-45 所示。铰刀是多刃切削刀具，有 6~12 个切削刃和较小顶角，铰孔时导向性好。铰刀刀齿的齿槽很宽，铰刀的横截面大、刚性好，所以铰削过程实际上是修刮过程，特别是手工铰孔时，切削速度很低，不会受到切削热和振动的影响，因此使孔加工的质量较高。

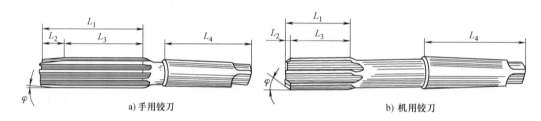

图 1-45　铰刀类型

L_1—工作部分　L_2—切削部分　L_3—修光部分　L_4—柄部

铰孔加工时的注意事项如下：

1）工件要夹正，夹紧力适当，防止工件变形，以免铰孔后工件变形部分回弹，影响孔的几何精度。

2）手工铰孔时，两手用力要均衡，保持铰削的稳定性，避免由于铰刀的摇摆而造成孔口喇叭状和孔径扩大。

3）随着铰刀旋转，两手轻轻加压，使铰刀均匀进给，同时不断变换铰刀每次停歇的位置，防止连续在同一位置停歇而造成振痕。

4）铰削过程中或退出铰刀时，要始终保持铰刀正转，不允许反转，否则将拉毛孔壁，甚至使铰刀崩刃。

5）铰定位锥销孔时，两接合零件应位置正确，铰削过程中要经常用相配的锥销来检查铰孔尺寸，以防将孔铰深。一般用手按紧锥销时，其头部应高于工件表面 2~3mm，然后用铜锤敲紧。根据具体要求，锥销头部可略低或略高于工件平面。

6）机铰时，要注意机床主轴、铰刀和工件孔三者同轴度是否符合要求。当上述同轴度不能满足铰孔精度要求时，铰刀应采用浮动装夹方式，调整铰刀与所铰孔的中心位置。

7）机铰结束时，铰刀应退出孔外后停机，否则孔壁有刀痕，退出时孔要被拉毛。

8）铰孔过程中，按工件材料、铰孔精度要求合理选用切削液。

5. 锪孔

锪孔是用锪钻改变已有孔的端部形状，这种加工方法多在扩孔之后进行，又称为划窝，可加工圆柱形沉头孔、圆锥形沉头孔、孔端的凸台等，如图1-46所示。

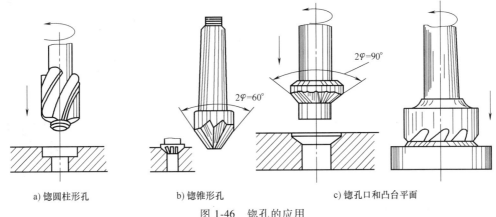

a) 锪圆柱形孔　　　　　b) 锪锥形孔　　　　　c) 锪孔口和凸台平面

图1-46　锪孔的应用

锪孔方法与钻孔方法基本相同，但锪孔时刀具容易振动，特别是使用麻花钻改制的锪钻，容易使所锪端面或锥面产生振痕，影响锪削质量，故锪孔时应注意以下几点。

1）锪孔的切削用量：由于锪孔的切削面积小，锪钻的切削刃多，所以锪孔进给量为钻孔的2～3倍，切削速度为钻孔的1/3～1/2。

2）用麻花钻改制锪钻时，后角和外缘处前角应适当减小，以防止扎刀，且两切削刃要对称，保持切削平稳，并尽量选用较短的钻头改制，以减少振动。

3）锪钢件时，要在导柱和切削表面加全损耗系统用油润滑。

6. 攻螺纹和套螺纹

工件圆柱表面上的螺纹称为外螺纹；工件圆柱孔内侧面上的螺纹称为内螺纹。螺纹除采用机械加工外，还可以攻螺纹和套螺纹等钳工加工方法获得。

攻螺纹：即用丝锥在工件内圆柱面上加工出内螺纹，其尺寸公差等级为IT6～IT7、表面粗糙度值为$Ra3.2～6.3\mu m$。

套螺纹：即用板牙在圆柱杆上加工外螺纹。套螺纹的尺寸公差等级为IT7～IT8，表面粗糙度值为$Ra3.2～6.3\mu m$。

（1）丝锥和铰杠　丝锥是专门用来攻螺纹的工具。丝锥有机用和手用两种，机用丝锥一般为一支，手用丝锥可分为三个一组或两个一组，即头锥、二锥、三锥。两个一组的丝锥常用，使用时先用头锥，后用二锥。头锥的切削部分斜度较长，一般有5～7个不完整的牙型；二锥较短，有1～2个不完整牙型。铰杠是用来夹持丝锥柄部方榫、带动丝锥旋转切削的工具，如图1-47所示。

（2）板牙和板牙架　板牙是专门用来套螺纹的刀具。板牙有固定式和开缝式两种，常用的为固定式。板牙架是手工套螺纹时的辅助工具，通过调节板牙架上的紧定螺钉和调整螺钉，可使板牙在一定范围内转动，如图1-48所示。

（3）攻螺纹与套螺纹的操作方法

1）攻螺纹的方法。

① 钻孔。

攻螺纹前先钻螺纹底孔，底孔直径的选择可查有关手册，也可用下列公式估算：

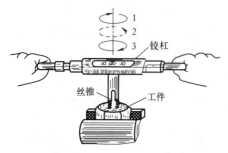

图 1-47 攻螺纹工具

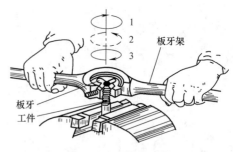

图 1-48 套螺纹工具

对脆性材料（铸铁、青铜等）

对塑性材料（钢、纯铜等）

$$D = d - 1.1t$$

$$D = d - t$$

攻螺纹注
意事项

式中　D——钻孔的直径；

　　　d——螺纹大径；

　　　t——螺距。

温馨提示：

攻不通孔螺纹时，因丝锥不能攻到底，所以孔的深度要大于螺纹长度，即

$$孔的深度 = 要求螺纹长度 + 0.7d$$

② 攻螺纹。先用头锥攻螺纹。首先必须将头锥垂直放在工件内，可用目测或直角尺从两个方向检查是否垂直。开始攻螺纹时一只手垂直加压，另一只手转动手柄，当丝锥开始切削时，即可平行转动手柄，不再加压，此时每转动 1~2 圈，要反转 1/4 圈，以割断和排除切屑，防止切屑堵塞屑槽，造成丝锥损坏和折断。另外，切记攻螺纹时要加切削液。

头锥用完再用二锥。当攻通孔螺纹时，用头锥一次攻透即可，不再使用二锥；攻不通孔螺纹，必须使用二锥。

2）套螺纹的方法。套螺纹前首先确定圆杆直径，太大难以套入，太小形成不了完整的螺纹，其估算公式为

$$圆杆直径 = 螺纹大径 - 0.2t$$

套螺纹时，板牙端面与圆杆垂直（圆杆要倒角 15°~20°），开始转动时要加压，切入后两手平行转动手柄即可，时常反转断屑，并加切削液。

（4）攻螺纹、套螺纹加工产生废品的原因及预防方法

攻螺纹、套螺纹加工产生废品的原因及预防方法见表 1-17、表 1-18。

三、任务实施

1. 前期准备

工具和量具：钻头、直铰刀、锤子、划规、样冲、钢直尺、游标卡尺、直角尺和刀口形直尺等。

辅助工具：软钳口衬垫和毛刷等。

2. 固定板加工操作要点及步骤

见表 1-19。

表 1-17　攻螺纹加工产生废品的原因及预防方法

废品形式	产生原因	预防方法
螺纹乱牙、断裂、撕破	(1)底孔直径太小,丝锥攻不进,使孔口乱牙	(1)认真检查底孔,选择合适的底孔钻头,将孔扩大再攻
	(2)头锥攻过后,攻二锥时,放置不正,头锥、二锥中心不重合	(2)先用手将二锥旋入螺纹孔内,使头锥、二锥中心重合
	(3)螺纹孔攻歪斜很多,用丝锥强行"找正"仍找不过来	(3)保持丝锥与底孔中心一致,操作中两手用力均衡,偏斜太多不要强行找正
	(4)低碳钢及塑性好的材料,攻螺纹时没用切削液	(4)应选用切削液
螺纹孔偏斜	(1)丝锥与工件端平面不垂直	(1)使丝锥与工件端平面垂直,要注意检查
	(2)铸件内有较大砂眼	(2)攻螺纹前注意检查底孔,如砂眼太大,不宜攻螺纹
	(3)攻螺纹时两手用力不均衡,倾向于一侧	(3)要始终保持两手用力均衡,不要摆动

表 1-18　套螺纹加工产生废品的原因及预防方法

废品形式	产生原因	预防方法
乱牙	(1)对低碳钢等塑性好的材料套螺纹时,未加切削液,板牙把工件上的螺纹粘去一部分	(1)对塑性材料套螺纹时一定要加切削液
	(2)套螺纹时板牙一直不回转,切屑堵塞,把螺纹啃坏	(2)板牙正转 1~1.5 圈后,就要反转 0.25~0.5 圈,使切屑断裂
	(3)被加工的圆杆直径太大	(3)把圆杆加工到合适的尺寸
	(4)板牙歪斜太多,在找正时造成乱牙	(4)套螺纹时板牙端面要与圆杆轴线垂直,发现有歪斜,要及时找正
螺纹对圆杆歪斜,螺纹一边深一边浅	(1)圆杆端头倒角没倒好,使板牙端面与圆杆不垂直	(1)圆杆端头要倒角,四周斜角要大小一样
	(2)用板牙套螺纹时,两手用力不均匀,使板牙端面与圆杆不垂直	(2)套螺纹时两手用力要均匀,要经常检查板牙端面与圆杆是否垂直,并及时纠正
螺纹中径太小(齿牙太瘦)	(1)套螺纹时板牙架摆动,不得不多次找正,造成螺纹中径变小	(1)套螺纹时,板牙架要握稳
	(2)板牙切入圆杆后,还用力压板牙架	(2)板牙切入后,只要均匀使板牙旋转即可,不能再加力下压

表 1-19　固定板加工操作要点及步骤

序号	步骤	操作要点
1	检查	检查毛坯,做必要修整
2	划线	以 A、B 为基准面,划 $2\times\phi10$mm 通孔中心线;划 $4\times\phi6$mm 通孔中心线;用游标卡尺检查,使孔距准确;用样冲打样冲眼
3	钻孔	在钻床上加工 $2\times\phi9.8$mm 通孔、$4\times\phi6$mm 通孔,孔间距须达到图样要求
4	锪孔	用柱形锪钻锪 $2\times\phi10$mm 的孔,用 $90°$ 锥形锪钻锪 $2\times\phi6$mm 的 $90°$ 锪孔;将零件翻转 $180°$,按上述方法锪另一面
5	铰孔	用手用铰刀铰 $2\times\phi10$H7 通孔

质量检查评分表见表 1-20。

表 1-20　质量检查评分表

序号	考核要求	配　分	评分标准	检测结果
1	铰 $2×\phi10H7$	12	超差全扣	
2	钻 $4×\phi6mm$ 通孔	8	超差全扣	
3	锪 $2×\phi10mm$ 两面（4 处）	8	超差全扣	
4	锪孔深 $6^{+0.50}_{0}mm$（4 处）	8	超差全扣	
5	锪锥孔，深 $90°$，$Ra12.5\mu m$	8	超差 1 处扣 3 分	
6	$4×C0.5$	11	超差 1 处扣 1 分	
7	孔距 $30±0.15mm$，$10±0.15mm$	4	超差 1 处扣 3 分	
8	孔距 $50±0.10mm$，$50±0.15mm$	9	超差 1 处扣 3 分	
9	孔距 $8±0.2mm$、$22±0.2mm$	9	超差 1 处扣 3 分	
10	孔距 $38±0.2mm$、$52±0.2mm$	9	超差 1 处扣 2 分	
11	安全文明生产	14	违者酌情扣 1~10 分	
备注				

四、知识拓展

1. 钻头的刃磨

钻头的切削刃和横刃严重磨钝，刃带拉毛以至整个切削部分呈暗蓝色，这是钻头烧损（严重磨损）的现象。造成钻头磨损的主要原因如下：

1）因为钻孔是一种半封闭式切削，切屑不易排出，切屑、钻头与工件间摩擦很大，从而产生大量热量，温度很高。一般高速钢钻头只能在 560℃ 左右保持原有硬度，钻孔中如果转速过高、切削速度过大，致使钻削温度超过这个温度，钻头硬度就会下降，失去切削性能，这时如钻头继续与工件摩擦，就会导致钻头烧损。

2）在钻头主切削刃上，越接近外径，切削速度越大，温度越高，本来钻孔时切削液就难以直接浇注到切削区，当切削液过少或冷却的位置不对时，也会引起钻头烧损。

3）钻头的副后角为 0°，靠近切削部分的棱边与孔壁的摩擦比较严重，容易发热和磨损。

4）主切削刃外缘处的刀尖角较小，前角很大，刀齿薄弱，而此处的切削速度却最高，故产生的切削热最多，磨损极为严重。

5）被加工件材料硬度过高，切削刃很快被磨钝，失去切削性能，相互摩擦以至烧损。

6）钻头钻心横刃过长，轴向力增加，切削刃后角修磨得太低，使钻头后面与被加工材料的接触面相互挤压，也容易使钻头烧损。

钻头磨损后就需要进行刃磨。刃磨钻头就是使用砂轮机将钻头上的烧损处磨掉，恢复钻头原有的锋利和正确角度。钻头刃磨后的角度是否正确，直接影响钻孔质量和效率，若顶角和切削刃刃磨得不对称（即顶角偏了），钻削时，钻头两切削刃所承受的切削力也就不相等，就会出现偏摆甚至是单刃切削，使钻出的孔变大或钻成台阶孔，而且顶角偏得越多，这种现象越严重。图 1-49 所示为钻头刃磨得正确与否对钻孔的影响情况。图 1-49a 所示为刃磨正确，所以钻出的孔也规范；图 1-49b 所示为两个顶角磨得不对称，一个大一个小；图 1-49c 所示为两个主切削刃长度刃磨得不一致；图 1-49d 所示为两个顶角不对称，并且主切削刃长度也不一致。钻头刃磨得不正确，会影响钻孔质量。若后角磨得太小甚至成为负后角，磨出的钻头就不能使用。刃磨钻头时，使用的砂轮粒度一般为 F46～F80，硬度最好采用中软级的氧化铝砂轮，且砂轮圆柱面和侧面都要平整。同时砂轮在旋转中不得跳动，在跳动很厉害的砂轮上是磨不好钻头的。

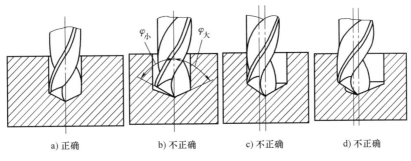

| a) 正确 | b) 不正确 | c) 不正确 | d) 不正确 |

图 1-49　钻头刃磨后对加工质量的影响示意图

2. 钻头的刃磨姿势和技巧

麻花钻的前角是由钻头上的螺旋角来确定的，通常不刃磨。麻花钻的顶角、后角和横刃斜角，通过磨钻头的后面时一起磨出。

初学磨钻头，可取新的标准钻头在砂轮停止转动的时候，使标准钻头与砂轮水平中心面的外圆处接触，按照标准钻头上的角度和后面，以刃磨的姿势，缓慢转动砂轮，并始终使钻头与砂轮之间贴合，通过这样的一比一磨，一磨一比，掌握刃磨要领。

刃口接触砂轮后，要从主切削刃往后面磨，也就是从钻头的刃口先开始接触砂轮，而后沿着整个后面缓慢往下磨。钻头切入时可轻轻接触砂轮，先进行较少量的刃磨，并注意观察火花的均匀性，及时调整手上压力的大小，还要注意钻头的冷却，不能让其磨过火，造成刃口变色，而至刃口退火。发现刃口温度高时，要及时对钻头进行冷却。

主切削刃在砂轮上要上下摆动，也就是握钻头前部的手要均匀地使钻头在砂轮面上上下摆动，而握柄部的手动不能摆动，还要防止后柄往上翘，即钻头的尾部不能高翘于砂轮水平中心线以上，如图 1-50 所示，否则会使刃口磨钝，无法切削。这是最关键的一步，钻头磨得好与坏，与此有很大的关系。在磨得差不多时，要从刃口开始，往后角再轻轻蹭一下，让刃后面更光洁一些。

麻花钻的钻心较薄，尾部较厚，当钻头磨短之后，横刃就会变长。横刃长了，切削条件变差，轴向抗力大，定心不好，因此使用短钻头时应该对横刃进行修磨。修磨后的横刃长度，可等于钻头直径的 10%。修磨方法：使钻头轴线左摆，刃背（钻头后面的外缘）靠上砂轮的右角，在水平面内与砂轮侧面夹角约 15°，如图 1-51a 所示；在垂直面内与砂轮中心线夹角约 55°，如图 1-51b 所示；磨削点由外刃背沿棱线逐渐向钻心移动，慢慢转动钻头，逐渐减小压力磨至内刃前面，磨至钻心时要保证内刃与砂轮侧面的夹角约

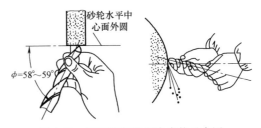

图 1-50　标准麻花钻刃磨姿势示意图

为 25°，如图 1-51c所示，并要防止钻心磨得过薄。修磨的横刃应在正中，两侧修磨量要均匀对称。修磨量不要过多，注意保持内刃的强度。对称性要求较高的大直径钻头，磨完后应夹

到钻床上试一试，用手扳动主轴，把横刃对准工件上钻孔处，看它是否在钻孔中心旋转，如果偏向一边，则需进一步修磨。

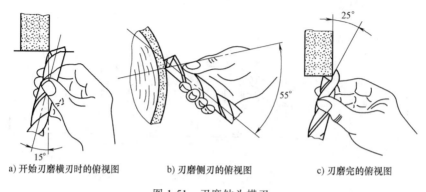

a) 开始刃磨横刃时的俯视图　　　　b) 刃磨侧刃的俯视图　　　　c) 刃磨完的俯视图

图 1-51　刃磨钻头横刃

任务五　锯削与錾削

一、任务导入

錾削直槽零件，如图 1-52 所示。备料：45 钢；毛坯尺寸：$\phi 30\text{mm} \times 82\text{mm}$。

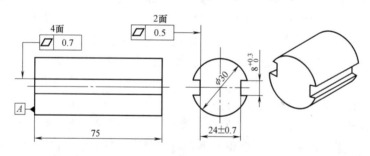

图 1-52　錾削直槽零件

二、知识链接

1. 锯削

锯削是用手锯对工件或材料进行分割的一种切削加工方法。虽然当前各种自动化、机械化的切割设备已广泛地使用，但手锯切割还是常见的，它具有方便、简单和灵活的特点，在单件小批生产、临时工地以及切割异形工件、开槽、修整等场合应用较广。因此，手工锯削是工具钳工需要掌握的基本操作之一。图 1-53 所示为锯削的应用。

（1）锯削的工具　锯削的工具是手锯。手锯由锯弓和锯条两部分组成。

1）锯弓。锯弓是用来装夹并张紧锯条的工具，有固定式和可调式两种，如图 1-54 所示。

固定式锯弓只使用一种规格的锯弓；可调式锯弓，因弓架由两段组成，

手锯

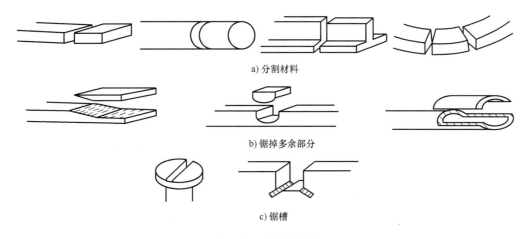

a) 分割材料

b) 锯掉多余部分

c) 锯槽

图 1-53 锯削的应用

可使用几种不同规格的锯弓。因此，可调式锯弓使用较为方便。

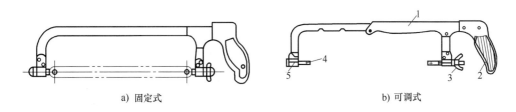

a) 固定式

b) 可调式

图 1-54 锯弓

1—锯弓 2—手柄 3—翼形螺母 4—夹头 5—方形导管

可调式锯弓由手柄、方形导管、夹头等组成。夹头上安装有挂锯条的销钉。活动夹头上装有拉紧螺钉，并配有翼形螺母，以便拉紧锯条。

2）锯条。锯条的规格以两端安装孔的中心距表示。常用的锯条长 300mm、宽 12mm、厚 0.65mm 左右。根据锯条的牙距大小或 25mm 内不同的锯齿数，锯条可分为粗齿、中齿、细齿三类。

通常粗齿锯条齿距大，容屑空隙大，适用于锯削软材料或较大切面。因为这种情况每锯一次的切屑较多，只有大容屑槽才不至于因堵塞而影响锯削效率。

锯削较硬材料或切面较小的工件应该用细齿锯条。因为硬材料不易锯入，每锯一次切屑较少，不易堵塞容屑槽。细齿锯条同时参加切削的齿数增多，每齿担负的锯削量减小，锯削阻力小，材料易于切除，推锯省力，锯齿也不易磨损。

锯削管子和薄板时，必须用细齿锯条，否则会因齿距大于板厚，使锯齿被勾住而崩断。在锯削工件时，截面上至少要有两个以上的锯齿同时参加锯削，才能避免锯齿被勾住而崩断的现象。锯齿的规格及应用见表 1-21。

（2）锯削动作要领

1）手锯握法。握手锯时，右手满握手柄，左手轻扶在锯弓前端，如图 1-55 所示。

锯削操作

表 1-21　锯齿的规格及应用

锯齿粗细	锯齿齿数/25mm	应　用
粗	14~18	锯削软钢、黄铜、铝、铸铁、纯铜、人造胶质材料
中	22~24	锯削中等硬度钢、厚壁铜管
细	32	薄片金属、薄壁管材

2）锯削姿势。锯削时推力和压力均由右手控制，左手压力不要过大，主要配合扶正锯弓。推锯时施加压力，回程时不加压力，工件将断时压力要小。推锯时，身体略向前倾，双手随着压向手锯的同时，左手上翘，右手下压；回程时，右手上抬，左手顺其自然地跟回运动。锯薄形工件或直槽时，采用直线运动。推锯时应使锯条的全部长度都用到，一般往复长度不应少于锯条全长的 2/3，如图 1-56 所示。

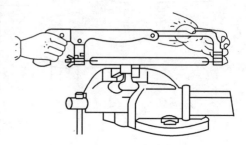

图 1-55　手锯的握法

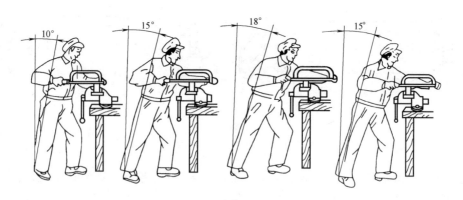

图 1-56　锯削姿势

3）锯削速度。锯削速度一般以每分钟往复 20~40 次为宜，锯削行程应保持匀速，返回行程速度应快些。锯硬材料时速度要慢，锯软材料时速度可快些。

（3）锯削操作步骤

1）锯条的安装。手锯是向前推时进行切割，在向后返回时不起切削作用，因此安装锯条时应锯齿向前，如图 1-57 所示。

2）工件的装夹。工件一般装夹在台虎钳的左面，要稳当、牢固，工件伸出钳口不应过长。锯缝离开钳口约 20mm，以防止振动，并要求锯缝划线与钳口侧面平行。对于薄管及已加工表面，要防止夹持太紧而使工件或表面变形。

3）起锯。有远起锯与近起锯两种。起锯时，可用左手拇指靠住锯条导向，

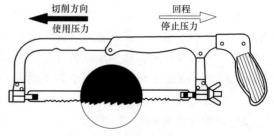

图 1-57　锯条的安装

使锯条能正确地锯在所需位置上，行程要短，压力要小，速度要慢。起锯角应以不超过 15° 为宜。一般多采用远起锯，因为远起锯时锯条的锯齿是逐步切入材料的，锯齿不易被卡住，起锯也较方便。当锯削到槽深 2~3mm、锯条不会滑出槽外、锯弓逐渐水平时，则可开始正常锯削，如图 1-58 所示。

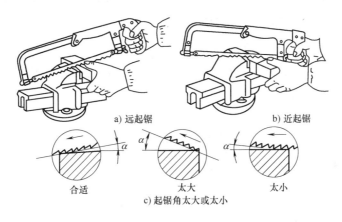

图 1-58　起锯方法

锯削注意事项如下：

① 锯条要装得松紧适当，锯削时不要突然用力过猛，防止锯条折断，从锯弓上崩出伤人。

② 工件夹持要牢固，以免工件松动、锯缝歪斜、锯条折断。

③ 要经常注意锯缝的平直情况，如发现歪斜应及时纠正。若歪斜过多纠正困难，则不能保证锯削的质量。

④ 工件将锯断时压力要小，避免压力过大使工件突然断开，手向前冲造成事故。一般工件将锯断时要用左手扶住工件断开部分，以免其落下伤脚。

⑤ 在锯削钢件时，可加些机油，以减少锯条与工件的摩擦，提高锯条的使用寿命。

（4）锯削中常出现的问题　锯削中常出现的问题及产生原因见表 1-22。

表 1-22　锯削中常出现的问题及产生原因

序号	出现的问题	产生的原因
1	锯缝歪斜	1. 安装工件时,锯缝线未能与铅垂线方向保持一致 2. 锯条安装太松或相对锯弓平面扭曲 3. 在锯削过程中,单面锯齿严重磨损 4. 锯削的压力太大,使锯条左右偏摆 5. 锯弓未扶正或用力方向歪斜
2	产品报废	1. 尺寸锯得过小 2. 锯缝歪斜过多 3. 起锯时将工件表面锯坏
3	锯条折断	1. 工件未夹紧,锯削时工件松动 2. 锯条装得过松或过紧 3. 锯削用力太大或锯削方向突然偏离锯缝方向 4. 强行纠正歪斜的锯缝或调换新锯条后仍在原锯缝中过猛地锯削 5. 锯削时,锯条中段局部磨损,当拉长锯削时锯条被卡住引起折断 6. 中途停止使用时,未从工件中取出锯条致其被碰断

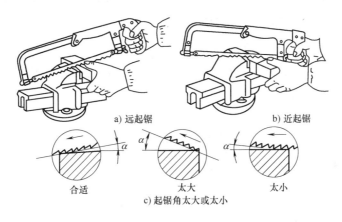

(续)

序号	出现的问题	产生的原因
4	锯齿崩裂	1. 锯削薄壁管子和薄板料时锯齿选择不当,没有选择细齿锯条 2. 起锯角选得太大造成锯齿被卡住或近起锯时用力过大 3. 锯削速度快,摆角又大,造成锯齿崩裂

（5）典型零件的锯削方法（表 1-23）

表 1-23　典型零件的锯削方法

典型零件	方　　法	图　　示
棒料	锯削前,工件应夹持平稳,尽量保持水平位置,使锯条与它保持垂直,以防止锯缝歪斜;如果要求锯削的断面比较平整,应从开始连续锯到结束。若锯出的断面要求不高,锯削时可改变几次方向,使棒料转过一定角度再锯,这样会因锯削面变小而容易锯入,可提高工作效率;锯毛坯材料时,断面质量要求不高,为了节省锯削时间,可分几个方向锯削。每个方向都不锯到中心,然后将毛坯折断	
管料	锯削管子时首先要做好管子夹持工作。对于薄壁管子和精加工过的管件,应夹在有 V 形槽的木垫之间,以防夹扁和夹坏表面;锯削时不要只在一个方向上锯,要多转几个方向,每个方向只锯到管子的内壁处,直至锯断为止	
薄板料	锯削薄板料时,尽可能从宽的面上锯下去。这样,锯齿不易产生勾住现象。当一定要在板料的窄面锯下去时,应该把它夹在两块木块之间,连木块一起锯下,这样才可避免锯齿勾住,同时也增加了板料的刚度,锯削时不会颤动	薄板　木块
深缝	当锯缝的深度超过锯弓的高度时,可把锯条转过 90°安装后再锯。装夹时,锯削部位应处于钳口附近,以免因工件颤动而影响锯削质量和损坏锯条	

2. 錾削

用锤子打击錾子对金属零件进行切削加工的方法，称为錾削。錾削主要用于不便机械加工的场合，如去除毛坯上的凸缘、毛刺、浇口、冒口等；分割材料，錾削平面及沟槽等。

（1）錾削的工具　錾削工具主要是錾子和锤子。

1）锤子。锤头采用碳素工具钢制成，在锤头的木柄里有一楔铁，为保证安全，在使用前要检查锤头是否有松动。若有松动，即时修整楔铁，以防锤头脱落、伤人。

2）錾子。一般由碳素工具钢（T7A 或 T8A）经过锻造后，再进行刃磨和热处理而制成。其硬度要求是切削部分为 52～57HRC，头部为 32～42HRC。

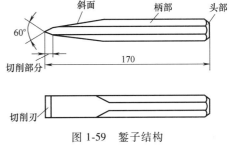

图 1-59　錾子结构

錾子由切削刃、斜面、柄部、头部四个部分组成，如图 1-59 所示。要想錾子能顺利地切削，必须具备两个条件：一是切削部分的硬度比零件材料的硬度要高；二是切削部分必须做成楔形。錾子的种类及用途见表 1-24。

表 1-24　錾子的种类及用途

名　称	图　形	用　途
扁錾		切削部分扁平，刃口略带弧形，用来錾削凸缘、毛刺和分割材料，应用最广泛
尖錾		切削刃较短，切削刃两端侧面略带倒锥，防止在錾削沟槽时錾子被槽卡住，主要用于錾削沟槽和分割曲形板料
油槽錾		切削刃很短并呈圆弧形，錾子斜面制成弯曲形，便于在曲面上錾削沟槽，主要用于錾削油槽

（2）錾削的动作要领（表 1-25）

表 1-25　錾削的动作要领

操作方法		图　示	具 体 讲 解
锤子的握法	松握法		只有大拇指和食指始终紧握锤柄。在锤打时中指、无名指和小指依次握紧锤柄；挥锤时则相反，小指、无名指和中指依次放松。这种握法锤击力大，且手不易疲劳

（续）

操作方法		图 示	具 体 讲 解
锤子的握法	紧握法		用右手五指紧握锤柄,大拇指放在食指上。锤打和挥锤时,五个手指的握法不变
錾子的握法	正握法		手心向下,用虎口夹住錾身,拇指和食指自然伸开,其余三指自然弯曲靠拢,握住錾身。这种握法适于在平面上进行錾削
	反握法		手心向上,手指自然握住錾柄,手心悬空。这种握法适用于小平面或侧面的錾削
	立握法		虎口向上,拇指放在錾子的一侧,其余四指放在另一侧捏住錾子。这种握法适于垂直錾削工件,如在铁砧上錾断材料等
挥锤的方法	腕挥		只是手腕的运动挥锤,锤击力较小,一般用于錾削的开始和收尾,或錾油槽、打样冲眼等用力不大的场合
	肘挥		用手腕和肘部一起挥锤,运动幅度大,锤击力较大,应用广泛
	臂挥		用手腕、肘部和整个臂一起挥锤,锤击力大,用于需要大力錾削的场合

（3）典型錾削操作方法（表 1-26）

表 1-26　典型錾削操作方法

序号	名称	具 体 操 作
1	錾削平面	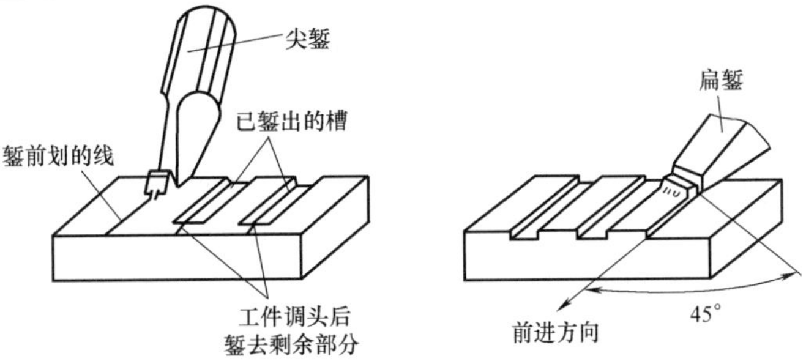 较窄的平面可用扁錾錾削，每次厚度为 0.5～2mm。对于宽平面，应先用尖錾开槽，再用扁錾錾平
2	錾油槽	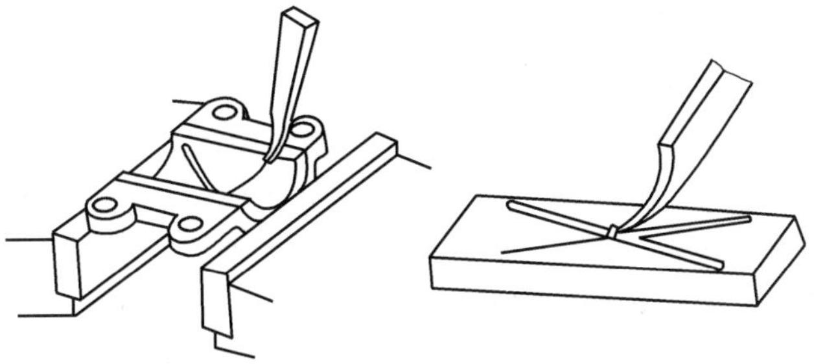 錾油槽时，要先选与油槽同宽的油槽錾錾削，必须使油槽錾得深浅均匀，表面平滑
3	錾断	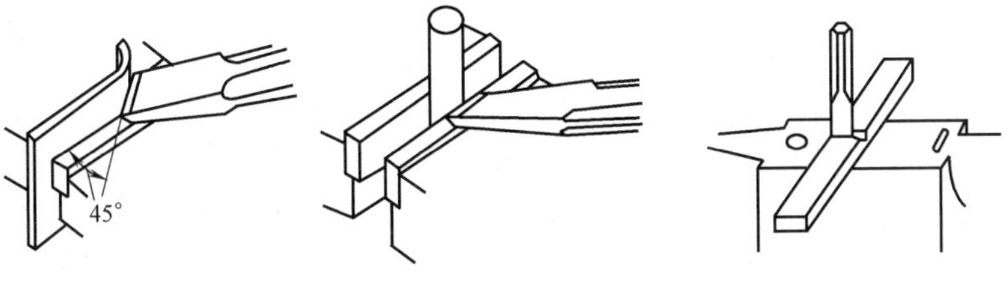 錾断 4mm 以下的薄板和小直径棒料可以在台虎钳上进行；较长或较大的板材，可在铁砧上錾断

三、任务实施

1．前期准备

1）工具和量具：锯条（若干）、锯弓、钢直尺、划针、扁錾、尖錾、游标卡尺等。

2）辅助工具：软钳口衬垫、V 形槽木垫和润滑油等。

2．錾削直槽的操作要点及步骤

錾削直槽的操作要点及步骤见表 1-27。

表 1-27　凿削直槽的操作要点及步骤

序号	步骤	操 作 要 点
1	划线	以 A 面为基准面,距 A 面 75mm 采用钢直尺划线
2	安装锯条	检查锯条的松紧程度,以有结实感又不过硬为宜
3	装夹	工件伸出台虎钳钳口不宜过长,工件装夹在台虎钳左侧较方便
4	锯削	按划线锯削另一面,锯削速度适中,工件将要锯断时,用左手扶持住工件
5	检查	锯削完成后,除去毛刺和飞边
6	划线	采用立体划线法,在圆柱体两侧端面画出直槽线
7	装夹	将工件装夹在台虎钳上,注意使直槽底面与台虎钳上端面处于同一平面
8	凿子	对凿子进行刃磨和热处理
9	凿削	用扁凿将圆弧面凿平至接近槽宽,用尖凿加工键槽至达到要求
10	凿削	用同样的方法凿削另一侧直槽
11	检查	用游标卡尺检查直槽的尺寸

四、知识拓展

1. 凿子的热处理

凿子多用碳素工具钢（T8 或 T10）锻造而成,并经热处理淬硬和回火处理,使凿刃具有一定的硬度和韧性。淬火时,先将凿刃处长约 20mm 的部分加热至呈暗橘红色（750～780℃）,然后将凿子垂直地浸入水中冷却,如图 1-60 所示,浸入深度为 5～6mm,并将凿子沿水面缓缓移动几次,其目的是加速冷却,提高淬火硬度,使淬硬部分与不淬硬部分不致有明显的界限,避免凿子在界限处断裂。待凿子露出水面的部分冷却成棕黑色（520～580℃）,将凿子从水中取出;接着观察凿子刃部的颜色变化情况,凿子刃部刚出水时呈白色,当由白色变黄色、又由黄色变成蓝色时,就把凿子全部浸入刚才淬火的水中（回火）,搅动几下后取出,紧接着再将其全部浸入水中冷却。经过热处理后的凿子刃部硬度一般可达到 55HRC 左右,凿身硬度能达到 30～40HRC。从开始淬火到回火处理完成,也不过十几秒钟的时间,尤其在凿子变色过程中,要认真仔细地观察,掌握好火候。如果在凿子刚出水,由白色变成

图 1-60　凿子的热处理

黄色时就把凿子全部浸入水中,这样热处理后的凿子虽然硬度稍为高些,但韧性却要差些,使用中容易崩刃。

2. 凿子的刃磨

凿子的楔角大小应与工件的硬度相适应,新锻制的或用钝了的凿刃,要用砂轮磨锐。磨削时,凿子被磨部位必须高于砂轮中心,以防凿子被高速旋转的砂轮带入砂轮架下而引起事故。刃磨时手握凿子的方法如图 1-61 所示。凿子的刃磨部位主要是前面、后面及侧面。刃磨时,凿子在砂轮的全宽上做左右平行移动,这样既可以保证磨出的表面平整,又能使砂轮磨损均匀。要控制握凿子的方向、位置,保证磨出所需要的楔角。刃口两面要交替着磨,保

证一样宽，刃面宽为 2~3mm，如图 1-62 所示，两刃面要对称，刃口要平直。刃磨应在砂轮运转平稳后进行。人的身体不准正面对着砂轮，以免发生事故。施加在錾子上的压力不能太大，不能使刃磨部分因温度太高而退火。为此，在刃磨錾子时必须经常将錾子浸入水中冷却。

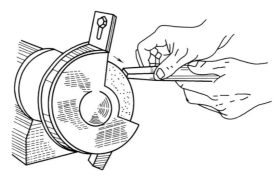

图 1-61　刃磨时手握錾子的方法

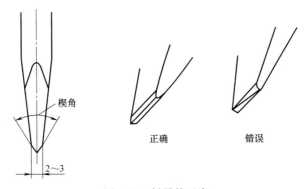

图 1-62　錾子的刃磨

项目二

装 配 钳 工

【学习目标】

知识目标

1. 熟悉装配技术要求；

2. 了解机械装配基本术语；

3. 掌握装配尺寸链的组成、特性及尺寸链形式；

4. 掌握各种机构及组件的装配工艺。

技能目标

1. 学会制订机械装配操作工艺；

2. 能够确定尺寸链中的封闭环，区分增减环；

3. 掌握各种机构及组件的装配方法。

机械装配是按照规定的技术要求，将若干个零件组装成部件（称为部件装配）或将若干个零件和部件组装成产品（称为总装配）的过程。也就是把已经加工好，并经检验合格的单个零件，通过各种形式，依次连接或固定在一起，使之成为部件或产品的过程。

装配质量的好坏将影响产品的精度、寿命和各部分的使用功能。要加工出合格的产品，除了保证零件的加工精度外，还必须做好装配工作。同时，因为装配阶段的工作量比较大，又将影响产品的生产制造周期和生产成本，因此装配是机械产品加工制造中的重要环节。

装配工作是产品制造的后期工作，装配质量的好坏对整个产品的质量起着决定性作用。因此，必须认真按照产品装配图，制订出合理的装配工艺规程，并严格按装配工艺规程进行装配工作，才能做到工作效率高、成本费用少、制造的产品质量优。本项目主要介绍机械装配的基础知识。

装配钳工知识构架。

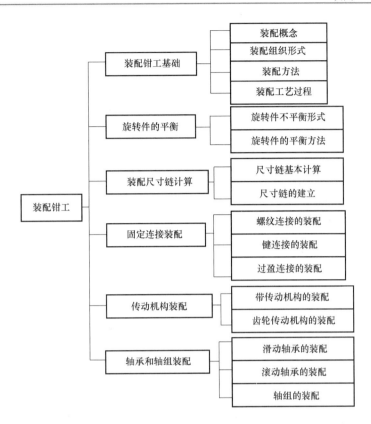

任务一　装配基础知识

一、任务导入

依据锥齿轮轴组件装配任务表（见表2-1），完成相应任务。

表2-1　锥齿轮轴组件装配任务表

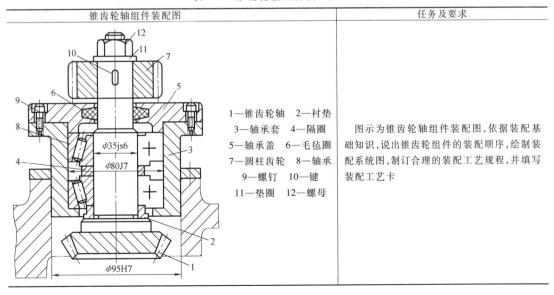

锥齿轮轴组件装配图	任务及要求
1—锥齿轮轴　2—衬垫 3—轴承套　4—隔圈 5—轴承盖　6—毛毡圈 7—圆柱齿轮　8—轴承 9—螺钉　10—键 11—垫圈　12—螺母	图示为锥齿轮轴组件装配图，依据装配基础知识，说出锥齿轮组件的装配顺序，绘制装配系统图，制订合理的装配工艺规程，并填写装配工艺卡

二、知识链接

1. 装配基本概念

（1）零件　构成机器的最小单元，如轴、螺钉、螺母等。

（2）部件　两个或两个以上零件组合形成机器的某个部分，如机床的主轴箱、进给箱、轴承等。

部件是个统称，其划分是多层次的。例如：直接进入产品总装的部件称为组件；直接进入组件装配的部件称为一级分组件；直接进入一级分组件装配的部件称为二级分组件；其余类推，产品越复杂，分组件级数越多。

（3）装配单元　可以独立进行装配的部件称为装配单元。

（4）装配基准件　最先进入装配的零件或部件称为装配基准件，它可以是一个零件，也可以是低一级的装配单元。

2. 装配的特点

1）装配是机器制造过程中的最后阶段，装配工作的好坏，对产品质量和使用性能起着决定性的作用。

2）虽然某些零件的精度不是很高，但经过仔细的修配、精确的调整后，仍可能装配出性能良好的产品来。

3）研究装配工艺，选择合适的装配方法，制订合理的装配工艺过程，不仅能保证产品质量，也能提高生产率，降低制造成本。

3. 装配工艺过程

装配工艺过程一般由以下三部分组成。

（1）装配前的准备工作

1）研究产品装配图、工艺文件及技术资料，了解产品的结构，熟悉各零件、部件的作用、相互关系及连接方法。

2）确定装配方法，准备所需要的工具。

3）对零件进行清洗，检查零件的加工质量，对有特殊要求的零件要进行平衡或压力试验。

（2）装配工作　比较复杂的产品的装配分为部件装配和总装配。

1）部件装配：凡是将两个以上的零件组合在一起，或将零件与几个组件组合在一起，成为一个装配单元的装配工作，都可以称为部件装配。

2）总装配：将零件、部件及各装配单元组合成完整产品的装配工作，称为总装配。

（3）调整、检验和试车

1）调整：调节零件或机构的相互位置、配合间隙、接合面的松紧等，使机器或机构工作协调。

2）检验：检验机构或机器的几何精度和工作精度等。

3）试车：试验机构或机器运转的灵活性、振动情况、工作温度、噪声、转速、功率等性能参数是否达到相关技术要求。

机器装配完毕后，为了使其外表美观、不生锈和便于运输，还要进行喷漆、涂油和装箱等工作。

4. 装配的组织形式

装配的组织形式主要取决于产品生产批量的大小，有固定式装配和移动式装配两种。

（1）固定式装配　固定式装配是指零件装配成部件或产品的全过程是在固定的工作地点完成的。它可以分为集中装配和分散装配两种形式。

1）集中装配。集中装配是指从零件组装成部件或产品的全过程，由一个（或一组）工人在固定地点完成全部的装配工作。

由于此种装配形式必须由技术水平较高的工人承担，且装配周期长、效率低、工作地点面积大，所以该装配形式只适用于单件、小批量或装配精度要求较高及需要调整的部位较多的产品（如模具、新产品试制等）装配。

2）分散装配。分散装配是指将产品装配的全部工作分散为各种部件装配和总装配。由于此种装配形式参与装配的工人较多，工作面积大，生产率高，装配周期较短，所以该装配形式适用于成批量的产品（如机床、飞机等）装配。

（2）移动式装配　移动式装配是指每一装配工序按一定的时间完成，装配后的组件或部件经输送工具输送到下一个工序。根据输送工具的运动情况，移动式装配可分为断续移动式和连续移动式两种形式。

1）断续移动式。断续移动式装配是指每组装配工人在一定的周期内完成一定的装配工序，组装结束后由输送工具周期性输送到下一道装配工序。

2）连续移动式。连续移动式是指在输送工具以一定速度连续移动的过程中完成装配工作。其装配的分工原则与断续移动式基本相同，所不同的是输送工具做连续运动，装配工作必须在一定的时间内完成。

此种装配形式对装配工人的技术水平要求低，但必须操作熟练，装配效率高，装配周期短，所以该装配形式适用于大批量生产的产品（如汽车、拖拉机等）装配。

5. 装配工艺规程

装配工艺规程是指导装配施工的主要技术文件之一。它规定产品及部件的装配顺序、装配方法、装配技术要求、检验方法及装配时所需的设备、工具、时间定额等，是提高产品质量和效率的必要措施，也是组织生产的重要依据。

1）研究产品装配图和装配技术条件，了解产品的结构、各零件的作用、相互关系及连接方法。

2）对产品进行分解，划分装配单元，确定装配顺序。

从工艺角度出发，将产品分解成若干个可以独立装配的组件和分组件，即装配单元。确定产品和各装配单元的装配顺序时，应首先确定装配基准件。部件装配从基准零件开始，总装配从基准部件开始，然后根据装配结构的具体情况，按照先下后上、先里后外、先难后易、先精密后一般、先重大后轻小的规律去确定其他零件或装配单元的装配顺序。

3）绘制装配单元系统图。装配单元系统图是表示产品装配单元的划分及其装配顺序的示意图。当产品构造较复杂时，为了使装配系统图不过分复杂，可分别绘制产品总装及各级部装的装配单元系统图。

装配单元系统图的绘制方法如下：

① 先画一横线，在横线左端画出代表基准件的长方格，在横线的右端画出代表产品的长方格。

② 按装配顺序从左向右将代表直接装到产品上的零件或组件的长方格从横线引出，零件画在横线上面，组件画在横线下面。

③ 用同样的方法可把每一组件及分组件的系统图展开画出。

图 2-1 所示为组件的装配系统图。

④ 划分装配工序和装配工步。根据装配单元系统图，再将装配工作划分成装配工序和装配工步。由一个工人或一组工人在不更换设备或地点的情况下完成的装配工作，称为装配工序。用同一

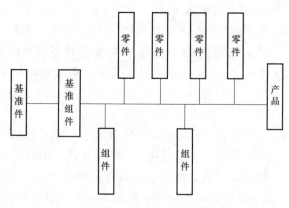

图 2-1　组件的装配系统图

工具，不改变工作方法，并在固定的位置上连续完成的装配工作，称为装配工步。部件装配和总装配都是由若干个装配工序组成的，一个装配工序中可包括一个或几个装配工步。

6. 制订装配工艺卡片

单件小批生产，不需要制订工艺卡片，工人按装配图和装配单元系统图进行装配。成批生产，应根据装配系统图分别制订总装和部装的装配工艺卡片。表 2-2 为装配工艺卡片，它简要说明了每一工序的工作内容、所需设备和工夹具、时间定额等。大批量生产则需一序一卡。

表 2-2　装配工艺卡片

装配图		装配技术要求		
装配工艺卡		产品型号	部件名称	装配图号
车间名称		设备	工序数量	组件数	净重
工序	装配内容		工艺装备	时间
			第　张	共　张

7. 装配的一般工艺原则

装配时要根据零部件的结构特点，采用合适的工具或设备，严格仔细按顺序装配，注意零部件之间的方位和配合精度要求。

1）对于过渡配合和过盈配合零件的装配，如滚动轴承的内、外圈等，必须采用相应的铜棒、铜套等专门工具和工艺措施进行手工装配，或按技术条件借助设备进行加温、加压装配。当遇到装配困难时，应先分析原因，排除故障，提出有效的改进方法，再继续装配，千

万不可乱敲乱打、鲁莽行事。

2）运动零件的摩擦表面，装配前均应涂上适量的润滑油，如轴颈、轴承、轴套、活塞、活塞销和缸壁等。润滑油必须清洁加盖，不使尘沙进入，盛具应定期清洗。

3）配合件装配时，也应先涂润滑油，以利于装配和减少配合表面的初磨损。

4）装配时应核对零件的各种安装记号，防止装错。

5）对某些装配技术要求，如装配间隙、过盈量、啮合印痕等，应边安装边检查，并随时进行调整，以避免装配后返工。

6）每一部件装配完毕，必须严格、仔细地检查和清理，防止有遗漏或错装的零件，防止将工具、多余零件及杂物留在箱体之中造成事故。

三、任务实施

依据锥齿轮轴组件装配图，从工艺角度出发，将锥齿轮轴组件分解为：锥齿轮分组件装配（锥齿轮轴 1、衬垫 2）、轴承套组件装配（轴承套 3、轴承外圈 8）、轴承盖分组件装配（轴承盖 5、毛毡圈 6）及锥齿轮轴组件总装配，如图 2-2 所示。图 2-3 所示为锥齿轮轴组件的装配单元系统图，表 2-3 为锥齿轮轴组件的装配工艺卡。

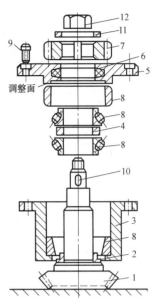

图 2-2　锥齿轮轴组件装配顺序
1—锥齿轮轴　2—衬垫　3—轴承套
4—隔圈　5—轴承盖　6—毛毡圈
7—圆柱齿轮　8—轴承　9—螺钉
10—键　11—垫圈　12—螺母

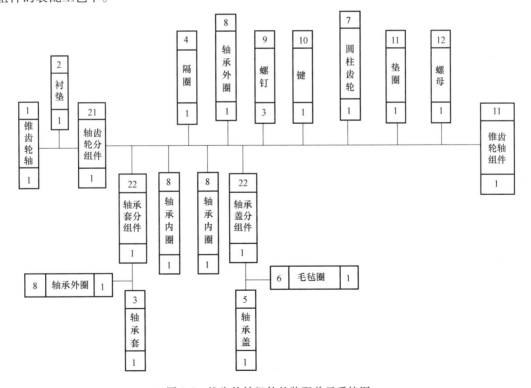

图 2-3　锥齿轮轴组件的装配单元系统图

表 2-3　锥齿轮轴组件的装配工艺卡

装配图		装配技术要求		
		1. 组装时,各零件应符合图样要求		
		2. 组装后,锥齿轮应转动灵活、无轴向窜动		
装配工艺卡		产品型号	部件名称	装配图号
车间名称	装配车间	设备		
			工序数量	组件数	净重
			4	3	
工序	装配内容		工艺装备	时间
I	锥齿轮分组件装配	以锥齿轮轴为基准,将衬垫套装在锥齿轮轴上			
II	轴承套分组件装配	1. 用专用量具分别检查轴承套孔及轴承外圈尺寸 2. 在配合面上涂润滑油 3. 以轴承套为基准,将轴承外圈压入轴承套孔底部		专用量具	
III	轴承盖分组件装配	将已剪好的毛毡圈塞入轴承盖槽内		塞规、卡板	
IV	锥齿轮轴组件总装配	1. 以锥齿轮组件为基准,将轴承套分组件套装在锥齿轮轴上 2. 在配合面上涂润滑油,将轴承内圈压装在轴上并紧贴衬垫 3. 套上隔圈,将另一轴承内圈压装在轴上直至与隔圈接触 4. 为另一轴承外圈涂润滑油,将轴压至轴承套内 5. 装入轴承盖分组件,调整端面高度,使轴承间隙符合要求,拧紧3个螺钉 6. 安装平键,套装齿轮、垫圈,拧紧螺母,注意配合面涂润滑油 7. 检查锥齿轮转动灵活性及轴向窜动	压力机		
				第　张　共　张

四、知识拓展

1. 零件的清理与清洗

在装配过程中,零件的清洗与清理工作对保证装配质量、延长产品使用寿命具有十分重要的意义,特别是对轴承、液压元件、精密配合件、密封件和有特殊要求的零件更为重要。如果清洗和清理做得不好,会使轴承工作时发热,产生噪声,并加快磨损,很快失去原有精度;对于滑动表面,可能造成拉伤,甚至咬死;对于油路,可能造成堵塞,使传动配合件得不到良好的润滑,使磨损加剧,甚至咬死损坏。

(1) 零件清理

1) 装配前,清除零件上的残存物,如型砂、铁锈、切屑、油污及其他污物。

2) 装配后,清除在装配时产生的金属切屑,如配钻孔、铰孔、攻螺纹等加工的残存切屑。

3）部件或机器试车后，洗去由摩擦、运行等产生的金属微粒及其他污物。

（2）零件清洗

1）对于橡胶制成的零部件（如密封圈、密封垫等），严禁使用汽油清洗，以防止老化、发胀变形，应使用酒精或专用清洗剂进行清洗。

2）不能用棉纱清洗滚动轴承，防止因棉纱留在轴承内部影响轴承的精度。

3）清洗后的零件应干燥后再进行装配。

（3）零件清理清洗实例　图2-4所示为滑动轴承，其清理方法如下：

1）用錾子、钢丝刷清除轴承座6和轴承盖2上的型砂、飞边及毛刺等。

2）用刮刀、锉刀和砂纸清除零件上的毛刺、切屑和锈痕。

3）用毛刷、风箱或压缩空气清除零件孔、沟槽、台阶等处残存的切屑、灰尘和油垢等。

其清洗方法如下：

1）将煤油倒入清洗盒内，分别清洗螺柱1（螺母、螺栓）、轴承盖2、轴承座6。

2）轴承的清洗可以分为粗清洗和精清洗，在粗清洗时所使用的容器需垫放金属网，这样轴承清洗后不会再次接触到容器内的污物。粗清洗时可以

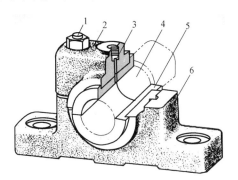

图2-4　滑动轴承
1—螺柱　2—轴承盖　3—注油孔
4—轴颈　5—轴瓦　6—轴承座

使用刷子清除轴承上的润滑脂、粘着物，过程中应避免轴承携带污物旋转，否则容易损伤轴承的滚动面；精清洗时将轴承放在精清洗用的清洗油中旋转，并仔细清除其上剩余的污物，清洗过程中要注意清洗油的清洁。

2. 旋转件的平衡

机械中有许多构件是绕固定轴线旋转的，这类做旋转运动的构件称为旋转件（如转动轴、带轮、叶轮与电动机转子等）。旋转件的结构不对称、制造不准确或材质不均匀，都会使整个旋转件在转动时离心力矩不等于零。

为了防止机器在工作时出现不平衡的离心力，对于尚未安装的旋转件都需要预先进行平衡，即将旋转件的重心调整到转动轴线上，使旋转件转动时的离心力矩等于零。

（1）旋转件不平衡的形式

1）静不平衡。有些旋转体的质量轴线与旋转轴线不重合，但平行于旋转轴线，因此旋转件在径向各截面上存在不平衡量。由于此时产生的离心力合力仍通过旋转件的重心，不平衡所产生的离心力作用于两端支承上，是相等的、同向的，因此不会产生使旋转轴线倾斜的力矩，这种不平衡称为静不平衡，如图2-5所示。静不平衡的特点：当零件静止时，不平衡量始终处于旋转件重心铅垂线的下方；当零件旋转时，不平衡离心力只在垂直轴线方向产生振动。

2）动不平衡。动不平衡表现在一个旋转体的质量轴线与旋转轴线不重合，而且既不平行也不相交，因此不平衡将产生在两个平面上，所以旋转件不仅会产生垂直于旋转轴线方向的振动，还会产生使旋转轴线倾斜的振动，这种不平衡称为动不平衡，如图2-6所示。

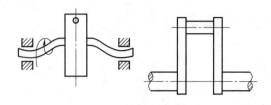

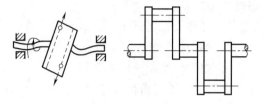

图 2-5　零件静不平衡　　　　　　　　　　图 2-6　零件动不平衡

（2）旋转件的平衡方法

消除旋转件不平衡的工作，称为平衡。消除不平衡通常采用加法或减法，即在不平衡量的对向位置加上（或减去）一定的质量，使之达到平衡。加法可采用焊接或螺栓紧固方式永久性地增加一个配重，减法则采用机械加工方法去除移动质量的材料。

1）静平衡。设圆盘直径为 D，其宽度为 b，对于轴向尺寸很小的旋转件（$D/b>5$），如叶轮、飞轮、砂轮等，其质量的分布可以近似地认为在同一回转面内，这类回转件通常采用静平衡试验找正。

图 2-7a 所示为导轨式静平衡架，其主要部分是安装在同一水平面内的两个互相平行的刀口形导轨。试验时将旋转件的轴颈支承在两导轨上，旋转件在偏心重力的作用下，将在刀口上滚动。当滚动停止后，旋转件的质量重心在理论上应位于转轴的铅垂下方。在判定了旋转件质量重心相对转轴的偏离方向后，在相反方向的某个适当位置，取适量的胶泥暂时代替平衡质量粘贴在旋转件上，重复上述过程。经多次调整胶泥的大小或径向位置反复试验，直到旋转件在任意位置都能保持静止不动，此时所粘贴胶泥的质量即为应加的平衡质量。最后根据旋转件的具体结构，

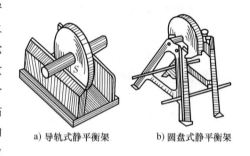

a) 导轨式静平衡架　　　b) 圆盘式静平衡架

图 2-7　静平衡实验

将平衡质量固定到旋转件的相应位置（或在相反方向上去除相应的质量），就能使旋转件达到静平衡。

导轨式静平衡架结构简单、可靠，平衡精度较高，但必须保证两固定的刀口在同一水平面内。当旋转件两端轴颈的直径不相等时，就无法在此种平衡架上进行回转构件的平衡试验了。

图 2-7b 所示为圆盘式静平衡架。将旋转件的轴颈支承在两对圆盘上，每个圆盘均可绕自身轴线转动，同时两端的支承高度可以调整，以适应两端轴颈直径不相等的回转构件。圆盘式静平衡架的静平衡操作过程与导轨式静平衡架相同，但因轴颈与圆盘间的摩擦阻力较大，故其平衡精度比导轨式静平衡架要低一些。

2）动平衡。轴向尺寸较大的旋转件（$D/b \leqslant 5$），如多缸发动机曲轴、电动机转子、汽轮机转子和机床主轴等，其质量的分布不能再近似地认为是位于同一回转面内，而应看作分布于垂直于轴线的许多互相平行的回转面内。质量分布不在同一回转面内的旋转件，只要分别在任选的两个回转面（即平衡找正面）内各加上（或减去）适当的平衡质量，就能达到完全平衡。令旋转件在动平衡试验机上运转，然后在两个选定的平面内分别找出所需平衡质

量的大小和方位，从而使旋转件达到动平衡的方法，称为动平衡试验法。

图 2-8 所示为一种机械式动平衡机的工作原理图。待平衡的旋转件 1 安装在摆架 2 的两个轴承 B 上。摆架的一端用水平轴线的回转副 O 与机架 3 相连接，另一端用弹簧 4 与机架 3 相连。调整弹簧可使回转件的轴线处于水平位置。

首先选出两个平衡找正面 T' 和 T''，在进行动平衡时，调整旋转件的轴向位置，使找正面 T'' 通过摆动轴线。这样，当待平衡旋转件转动时，T'' 面内产生的离心力将不会影响摆架的摆动。也就是说，摆架的振动完全是由 T' 面所产生的离心力造成的。

当摆架绕 O 摆动时，指针 5 在外缘上画出一段短弧线，弧线中点 H_1 即为最高偏离点。以同样速度使试件反转，指针记下反转时的最高偏离点 H_2。因两个方向的相位差 H_1 和 H_2 应相等，连接 H_1 和 H_2 并作其中垂线 OA，如图 2-9 所示，OA 与 T' 面的交点就是 T' 面内平衡质量所放置的位置。将待平衡回转件调头安放，同理测出 T'' 面内平衡质量所放置的位置。

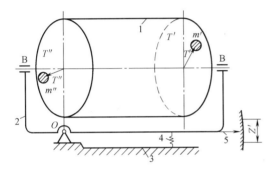

图 2-8　动平衡机的工作原理

1—旋转件　2—摆架　3—机架　4—弹簧　5—指针

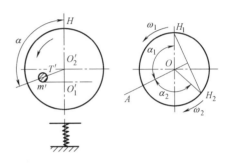

图 2-9　相位差的确定

任务二　装配精度与装配尺寸链

一、任务导入

在保证配合精度的前提下，通过装配尺寸链的计算，为活塞与活塞销选择一种较为合适的装配方法。

要求：图 2-10 所示为某汽车发动机活塞销与活塞的装配示意图，其中销与销孔的公称尺寸为 $\phi28\text{mm}$，在常态下装配时要求有 $0.0025 \sim 0.0075\text{mm}$ 的过盈量。

二、知识链接

1. 装配精度

机械产品的装配精度是指装配后实际达到的精度。为保证产品的可靠性，提高产品精度的保持性，装配精度一般应高于产品精度标准的规定。装配精度

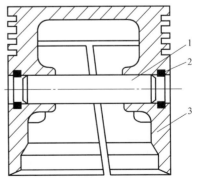

图 2-10　活塞销与活塞装配示意图

1—活塞销　2—挡圈　3—活塞

有以下几种。

（1）零部件间的位置尺寸精度（也称距离精度）　是指产品中相关零、部件间的距离精度。例如，卧式车床精度标准要求主轴锥孔中心线和尾座顶尖锥孔中心线对机床导轨的等高度，只许尾座锥孔中心高 0~0.06mm。

（2）零部件间的位置精度　是指产品中相关零、部件间的平行度、垂直度、同轴度等。例如，卧式车床规定的溜板箱移动对主轴中心线的平行度；溜板箱移动对尾座顶尖锥孔中心线的平行度。

（3）零部件间的相对运动精度　是指机器中有相对运动的零部件间在运动方向和运动位置上的精度。例如，一般车床主轴的径向跳动允许在轴端处为 0.01mm，距轴端 300mm 处为 0.02mm；轴向窜动量为 0.015mm。

（4）零部件间的配合精度　是指配合面间达到规定的间隙或过盈要求。例如，汽车发动机活塞销与活塞销孔在常态下装配时要求有 0.0025~0.0075mm 的过盈量。

2. 装配尺寸链的概念

在机器的装配关系中，由有关零件的尺寸或相互位置关系所组成的尺寸链，称为装配尺寸链。

研究装配尺寸链的目的是保证装配精度的要求，从而使机械结构设计与制造工艺在一定的生产规模下，最经济、最合理地保证质量。

3. 装配尺寸链简图

装配尺寸链可以在装配图中找出，为简便起见，通常不绘出装配部分的具体结果，也不必严格按照比例绘制，只需依次绘出各有关尺寸，排列成封闭外形即可。图 2-10 所示的活塞销与活塞的装配关系，其简图如图 2-11 所示。

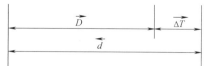

其中，D——活塞销孔直径（mm）；

d——活塞直径（mm）；

ΔT——过盈量（mm）。

图 2-11　装配尺寸链简图

4. 尺寸链的环

构成装配尺寸链的每一个尺寸都称为尺寸链的环，每个尺寸链至少有三个环。

（1）封闭环　在零件加工或机器装配过程中，最后自然形成（或间接获得）的环，称为封闭环。一个尺寸链只有一个封闭环，如图 2-11 中的 ΔT。装配尺寸链中封闭环即装配技术要求。

（2）组成环　在装配尺寸链中除封闭环以外的环称为组成环，如图 2-11 中的 D、d。

（3）增环　在其他组成环不变的条件下，当某组成环增大时，封闭环随之增大，那么该组成环称为增环，如图 2-11 中的 d 为增环，用符号"——→"表示，即"$\vec{d}$"。

（4）减环　在其他组成环不变的条件下，当某组成环增大时，封闭环随之减小，那么该组成环称为减环，如图 2-11 中的 D，用符号"←——"表示，即"$\overleftarrow{D}$"。

温馨提示：

在简图中，由尺寸链任一环的基面出发，绕其轮廓线顺时针（或逆时针）方向旋转一周，回到这个基面，按旋转方向给每一个环标出箭头。凡箭

增、减环的简

单判断方法

头方向与封闭环箭头相反为增环，相同为减环。

5. 装配尺寸链的建立

（1）确定封闭环　确定封闭环是解装配尺寸链的最关键一步，如果封闭环确定错了，则整个装配尺寸链的计算都将是错的。依据"间接、最后"的原则，一般将能够反映装配后技术要求的"一环"确定为封闭环，如图 2-11 中的 ΔT。

（2）查找组成环　根据封闭环的要求，采用"粘连法"查找各组成环。所谓"粘连法"即取封闭环两端为起点，按照零件表面间的联系，逆向循着工艺过程顺序，分别向前查找该表面最近一次加工的加工尺寸，之后再查找该尺寸另一端表面的最后一次加工尺寸，直至两边汇合为止，所有的尺寸均为组成环，如图 2-11 中的 D、d，最后建立尺寸链图。

6. 装配尺寸链的计算方法

装配尺寸链的计算包括两个方面：

1）正向计算：已有产品装配图和全部零件图，已知尺寸链的封闭环，各组成环的公称尺寸、公差及偏差，求封闭环的公称尺寸、公差及偏差；然后和已知条件对比，验证各环精度是否合理。

2）反向计算：在产品设计阶段根据装配精度（封闭环）要求，确定各组成环的公称尺寸、公差及偏差。

两种计算方法都需通过极值法和概率法求解。

（1）极值法　公称尺寸公式：封闭环的公称尺寸＝所有增环公称尺寸之和－所有减环公称尺寸之和，即

$$A_0 = \sum_{i=1}^{m} \overrightarrow{A}_i - \sum_{i=1}^{n} \overleftarrow{A}_i$$

式中　A_0——封闭环的公称尺寸（mm）；

　　　　A_i——组成环的公称尺寸（mm）；

　　　　m——增环的数目；

　　　　n——减环的数目。

上极限尺寸、下极限尺寸为

$$A_{0\max} = \sum_{i=1}^{m} \overrightarrow{A}_{i\max} - \sum_{i=1}^{n} \overleftarrow{A}_{i\min} ; A_{0\min} = \sum_{i=1}^{m} \overrightarrow{A}_{i\min} - \sum_{i=1}^{n} \overleftarrow{A}_{i\max}$$

封闭环的公差：封闭环公差等于封闭环上极限尺寸与封闭环下极限尺寸之差，即

$$T_0 = \sum_{i=1}^{m+n} T_i$$

式中　T_0——封闭环公差（mm）；

　　　　T_i——各组成环公差（mm）。

极值法的优点是简单、可靠，缺点是当封闭环公差较小、组成环较多时，各组成环公差都将很小，给制造带来困难。为了解决此类难题，充分发挥极值法的优点，可以在装配尺寸链的组成环中选择一个比较容易加工或在生产上受限制较少的组成环作为"协调环"，其他各环考虑加工难易程度，按照"入体原则"分配公差，而协调环可以不是标准公差。

【例 1】　图 2-12 所示为齿轮箱部件，装配后要求轴向间隙为 0.2~0.7mm，已知 $A_1 = 122$mm，$A_2 = 28$mm，$A_3 = A_5 = 5$mm，$A_4 = 140$mm，试用极值法解此尺寸链。

1）依据题意绘制装配尺寸链简图，如图 2-13 所示，其中 A_1、A_2 为增环，A_3、A_4、A_5 为减环，ΔA 为封闭环，则有

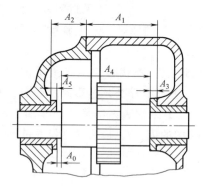

图 2-12　齿轮箱部件装配尺寸链

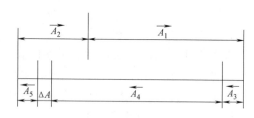

图 2-13　装配尺寸链简图

$$\Delta A = (A_1 + A_2) - (A_3 + A_4 + A_5) = (122 + 28)\,\text{mm} - (5 + 140 + 5)\,\text{mm} = 0\,\text{mm}$$

由此可见各环的公称尺寸符合要求。

2）确定各组成环的尺寸公差及极限尺寸。

封闭环 ΔA 的公差 $T_0 = 0.7\,\text{mm} - 0.2\,\text{mm} = 0.5\,\text{mm}$，根据 $T_0 = \sum\limits_{i=1}^{m+n} T_i = T_1 + T_2 + T_3 + T_4 + T_5 = 0.5\,\text{mm}$，考虑各组成环加工难易程度，由图 2-12 可知，A_1、A_2 加工较难，公差可略大些，A_3、A_5 加工较容易，公差可略小些。所以各组成环公差分配如下：$T_1 = 0.20\,\text{mm}$，$T_2 = 0.10\,\text{mm}$，$T_3 = T_5 = 0.05\,\text{mm}$，$T_4 = 0.10\,\text{mm}$，再按照"入体原则"分配偏差，则有

$$A_1 = 122^{+0.20}_{0}\,\text{mm}；A_2 = 28^{+0.10}_{0}\,\text{mm}；A_3 = A_5 = 5^{0}_{-0.05}\,\text{mm}$$

3）确定"协调环"。

在装配尺寸链中组成环 A_4 便于制造又可采用通用量具测量，故选作"协调环"，其极限尺寸采用"极值法"计算，即

$$A_{4\min} = A_{1\max} + A_{2\max} - A_{3\min} - A_{5\min} - \Delta A_{\max} = 122.20\,\text{mm} + 28.10\,\text{mm}$$
$$- 4.95\,\text{mm} - 4.95\,\text{mm} - 0.7\,\text{mm} = 139.70\,\text{mm}$$

$$A_{4\max} = A_{1\min} + A_{2\min} - A_{3\max} - A_{5\max} - \Delta A_{\min} = 122\,\text{mm} + 28\,\text{mm} - 5\,\text{mm} - 5\,\text{mm} - 0.2\,\text{mm} = 139.80\,\text{mm}$$

所以 $A_4 = 140^{-0.20}_{-0.30}\,\text{mm}$。

（2）概率法　极值法解尺寸链常用于装配精度较低或虽然装配精度较高，但组成环较少的情况。如果在大批量生产中，且装配精度要求高、组成环数目较多时，应用概率法解尺寸链较合理。

各组成环公差之间的关系为

$$T = (A_0) = \sqrt{\sum_{i-1}^{n-i} T^2(Ai)}$$

各组成环平均尺寸之间的关系为

$$\overline{A_0} = \sum_{i=1}^{m} \overrightarrow{Ai} - \sum_{i=m+1}^{n-1} \overleftarrow{Ai}$$

现仍以图 2-12 所示齿轮箱部件为例，采用概率法解尺寸链，则步骤如下：

1）依据题意绘制装配尺寸链简图，如图 2-13 所示。

2）确定各组成环的尺寸公差及极限尺寸。

封闭环 ΔA 的公差 $T_0 = (0.7-0.2)\,\text{mm} = 0.5\,\text{mm}$，根据 $T_0 = \sum\limits_{i=1}^{m+n} T_i = T_1 + T_2 + T_3 + T_4 + T_5 =$ $0.5\,\text{mm}$，考虑各组成环加工难易程度，由图 2-12 可知，A_1、A_2 加工较难，公差可略大些，A_3、A_5 加工较容易，公差可略小些。所以各组成环公差分配如下：$T_1 = 0.20\,\text{mm}$，$T_2 = 0.10\,\text{mm}$，$T_3 = T_5 = 0.05\,\text{mm}$，$T_4 = 0.10\,\text{mm}$。按照"入体原则"分配偏差，则有

$$A_1 = 122^{+0.20}_{0}\,\text{mm}; A_2 = 28^{+0.10}_{0}\,\text{mm}; A_3 = A_5 = 5^{0}_{-0.05}\,\text{mm}$$

考虑到利用概率法计算时，按对称公差计算比较方便，所以有

$$A_1 = 122.1 \pm 0.10\,\text{mm}; A_2 = 28.05 \pm 0.05\,\text{mm}; A_3 = A_5 = 4.975 \pm 0.0025\,\text{mm}$$

3）确定"协调环"。在装配尺寸链中组成环 A_4 便于制造又可采用通用量具测量，故选作"协调环"，利用概率法求出其平均尺寸，为

$$\overrightarrow{A_4} = \overrightarrow{A_1} + \overrightarrow{A_2} - \overrightarrow{A_3} - \overrightarrow{A_5} = 122.1\,\text{mm} + 28.05\,\text{mm} - 4.975\,\text{mm} - 4.975\,\text{mm} = 140.2\,\text{mm}$$

假定各组成环尺寸按正态分布，且其分布中心与公差带中心重合，则"协调环"公差为

$$T_0 = \sqrt{0.2^2 + 0.1^2 + 0.05^2 + 0.05^2}\,\text{mm} = \sqrt{0.055}\,\text{mm} \approx 0.23\,\text{mm}$$

最后有

$$A_4 = 140.2\,\text{mm} \pm 0.115\,\text{mm} = 140^{+0.315}_{+0.085}\,\text{mm}$$

通过对比可知：采用概率法计算所得公差是采用极值法的 2 倍多。

7. 装配方法

在产品装配中，采用什么装配方法才能达到规定的装配精度，特别是如何以较低的零件精度、最小的装配工作量达到较高的装配精度，是装配工艺的核心问题。利用尺寸链达到装配精度的工艺方法有互换装配法、修配装配法、调整装配法。

（1）互换装配法　零件按规定的公差加工后，不需要经过修配、调整就能保证装配精度的方法，称为互换装配法，包括完全互换法、不完全互换法及分组互换法。这种方法可以使装配工作简化，但要求零件的加工精度高，因此适用于批量生产。

1）完全互换法。当所有的增环零件都出现最大值、所有的减环零件都出现最小值时，装配精度合格；并且当所有的增环零件都出现最小值、所有的减环零件都出现最大值时，装配精度也合格，即所有零件都实现完全互换。此时尺寸链的计算可采用极值法。

完全互换法装配的优点是装配质量稳定可靠，装配过程简单，装配效率高，易于实现自动装配，产品维修方便；不足之处是当装配精度要求较高，尤其是在组成环数较多时，组成环的制造公差规定必须非常严格，零件制造困难，加工成本高。

完全互换法装配适用于大批量生产中装配那些组成环数较少或组成环数虽多但装配精度要求不高的机器结构，广泛应用于汽车、拖拉机、轴承、自行车等大批大量生产的装配中。

2）不完全互换法。完全互换法以提高零件加工精度为代价来换取完全互换装配，但有时是不经济的。从统计学角度讲，产品装配时，所有零件同时出现最大值或最小值是小概率事件，很少发生。因此在产品批量生产时，可将组成环的制造公差适当放大，使零件容易加工，这样做虽然会使极少数部件（或组件）的装配精度超出规定要求，但从总体经济效果分析，仍然是经济可行的。这种装配方法称为不完全互换法，又称统计互换装配法，其尺寸链的计算可采用概率法。

不完全互换法装配的优点是扩大了组成环的制造公差，零件制造成本低，装配过程简单，生产率高；不足之处是装配后有极少数产品达不到规定的装配精度要求，须采取另外的返修措施。

不完全互换装配方法适用于在批量生产中装配那些装配精度要求较高且组成环数又多的机器结构。

3）分组互换法。当装配精度很高，采用极值法或概率法解尺寸链时，各组成环的公差都很小，造成加工困难，不经济。此时若将组成环的公差放大到经济加工精度，通过选择合适的零件进行装配，也可以达到规定的装配精度，这种装配方法称为分组互换法。

零件加工后，先测量实际尺寸的大小，并进行分组，在每组中进行互换装配以达到规定的装配精度，即为分组互换法。

分组互换法装配的主要优点是零件的制造精度不高，但却可获得很高的装配精度，且组内零件可以互换，装配效率高；不足之处是增加了零件测量、分组、存贮、运输等工作量。分组互换法适用于在批量生产中装配那些组成环数少而装配精度又要求特别高的机器结构。

（2）修配装配法　在单件或小批生产中，装配那些装配公差要求高、组成环数又多的机器结构时，常用修配装配法。

修配装配法是指在某些零件上预留修配量，在装配时根据需要，修配指定零件以达到装配精度的方法。

为了达到规定的装配精度，装配时须修配装配尺寸链中某一组成环的尺寸（此组成环称为修配环）。为减少修配工作量，应选择那些便于进行修配的组成环作为修配环。在采用修配装配法时，要求修配环必须留有足够但又不是太大的修配量。

采用这种装配方法能在很大程度上放宽零件制造公差，相关零件就可以按较低成本的经济精度进行制造，使加工容易，同时通过修配又能达到很高的装配精度。修配法的优点是能够获得很高的装配精度，而零件的制造精度可以放宽。其缺点是装配中增加了修配工作量，工时多且不易预先确定，装配质量依赖工人的技术水平，生产率低。修配装配法是模具生产中采用最广泛的方法，常用于模具中工作零件部分的装配。

选择修配环时应遵循以下原则。

① 选易于修配且装卸方便的零件。

② 若有并联尺寸链，选非公共环，否则修配后，保证了一个尺寸的装配要求，但又破坏了另一个尺寸链的装配精度要求。

③ 选不进行表面处理的零件，以免破坏表面处理层。

修配装配法有指定零件修配法和合并加工修配法。

1）指定零件修配法。指定零件修配法是在装配尺寸链的组成环中，预先指定一个零件作为修配件，并预留一定的加工余量，装配时再对该零件进行切削加工，以达到装配精度要求的加工方法。

2）合并加工修配法。合并加工修配法是将两个或两个以上的零件装配在一起后，再进行机械加工，以达到装配精度要求。

修配装配法解尺寸链的主要问题是如何合理确定修配环公差带的位置，使修配环有足够而又尽可能小的修配余量。修配环被修配后对封闭环尺寸变化的影响有两种情况：一种是使封闭环尺寸变小；另一种是使封闭环尺寸变大。

① 修配环是增环的情况。

【例2】　如图 2-14 所示，某卧式车床总图，要求其尾座中心线比车床主轴中心线高 0.03～0.06mm。已知：$A_1 = 160$mm，$A_2 = 30$mm，$A_3 = 130$mm。试确定修配环尺寸并验算修配量。

1）依据题意画尺寸链简图，如图 2-15 所示。

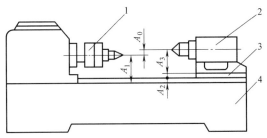

图 2-14　卧式车床总图

1—主轴　2—尾座　3—尾座底板　4—床身

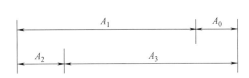

图 2-15　卧式车床尺寸链简图

其中，A_1 为减环，A_2、A_3 为增环。

校核封闭环尺寸为：$A_0 = (A_2 + A_3) - A_1 = (30 + 130)$mm $- 160$mm $= 0$mm，所以 $A_0 = 0^{+0.06}_{+0.03}$mm。

组成环 A_2 为尾座底板厚度，其表面积不大，形状简单，便于修配，故选 A_2 为修配环。

2）确定各组成环公差（按照经济公差制造）。

$A_1 = 160 \pm 0.1$mm；$A_2 = 30^{+0.2}_{0}$mm；$A_3 = 130 \pm 0.1$mm（A_2 为修配环，故只做半精加工）。

3）计算修配前封闭环的极限尺寸 A'_{0max}、A'_{0min}（根据极值法计算）。

$A'_{0max} = 30.2$mm $+ 130.1$mm $- 159.9$mm $= 0.4$mm，$A'_{0min} = 30$mm $+ 129.9$mm $- 160.1$mm $= -0.2$mm

由此可知：$A'_0 = 0^{+0.4}_{-0.2}$mm，与装配要求不符合，必须修配组成环 A_2，以保证装配精度。

4）确定修配环 A_2 的尺寸。

由于 $A'_0 = 0^{+0.4}_{-0.2}$mm，与原封闭环 $A_0 = 0^{+0.06}_{+0.03}$mm 相比：

当出现最小值时，$EI'_0 = -0.2$mm $< EI_0 = 0.03$mm。由于 A_2 为增环，若再减小 A_2 尺寸，只能使封闭环 A_0 尺寸更小，因此必须增大 A_2 的公称尺寸，确保 $EI'_0 \geqslant EI_0$。

修配环公称尺寸增加值 ΔA_2 为

$$\Delta A_2 = EI_0 - EI'_0 = 0.03\text{mm} - (-0.2)\text{mm} = 0.23\text{mm}$$

所以 A_2 修配后的实际尺寸为 $A'_2 = (30+0.23)^{+0.2}_{0}$mm $= 30^{+0.43}_{+0.23}$mm

5）计算修配量。

$A'_2 = 30^{+0.43}_{+0.23}$mm、$A_1 = 160 \pm 0.1$mm、$A_3 = 130 \pm 0.1$mm，重新计算封闭环尺寸，则有 $A''_0 = 0^{+0.63}_{+0.03}$mm。将 $A''_0 = 0^{+0.63}_{+0.03}$mm 与 $A_0 = 0^{+0.06}_{+0.03}$mm 相比较，则：

最大修配量 $\delta_{cmax} = 0.63$mm $- 0.06$mm $= 0.57$mm；最小修配量 $\delta_{cmin} = 0$mm。

② 修配环是减环的情况。

【例3】　图 2-16 所示为齿轮轴装配图，要求装配后齿轮端面和箱体孔端面之间有 0.1～0.2mm 的轴向间隙。已知 $B_1 = 50$mm，$B_2 = 45$mm，$B_3 = 5$mm，试确定修配环尺寸并验算修配量。

1) 依据题意，画尺寸链简图，如图 2-17 所示，封闭环为 B_0，增环为 $\overrightarrow{B_1}$，减环为 $\overleftarrow{B_2}$、$\overleftarrow{B_3}$。

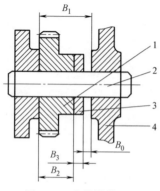

图 2-16　齿轮轴装配图
1—齿轮　2—轴　3—垫圈　4—箱体

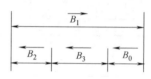

图 2-17　齿轮轴尺寸链简图

校核封闭环尺寸：$B_0 = B_1 - B_2 - B_3 = 50\text{mm} - 45\text{mm} - 5\text{mm} = 0\text{mm}$，所以 $B_0 = 0^{+0.20}_{+0.10}\text{mm}$。
组成环 B_3 为垫圈厚度，形状简单，便于修配，故选 B_3 为修配环。

2) 确定各组成环公差（按照经济公差制造）。

$B_1 = 50^{+0.38}_{+0.13}\text{mm}$；$B_2 = 45^{0}_{-0.16}\text{mm}$；$B_3 = 5^{0}_{-0.12}\text{mm}$（$B_3$ 为修配环，故只做半精加工）。

3) 计算修配前封闭环的极限尺寸 $B'_{0\max}$、$B'_{0\min}$（根据极值法计算）。

$B'_{0\max} = 50.38\text{mm} - 44.84\text{mm} - 4.88\text{mm} = 0.66\text{mm}$，$B'_{0\min} = 50.13\text{mm} - 45\text{mm} - 5\text{mm} = +0.13\text{mm}$

由此可知：$B'_0 = 0^{+0.66}_{+0.13}\text{mm}$，与装配要求不符合，必须修配组成环 B_3，以保证装配精度。

4) 确定修配环 B_3 的尺寸。

由于 $B'_0 = 0^{+0.66}_{+0.13}\text{mm}$，与原封闭环 $B_0 = 0^{+0.20}_{+0.10}\text{mm}$ 相比：

当出现最大值时，$\text{ES}'_0 = +0.66\text{mm} > \text{ES}_0 = 0.20\text{mm}$。由于 B_3 为减环，若再减小 B_3 尺寸，只能使封闭环 B_0 尺寸更大，因此必须增大 B_3 的公称尺寸，确保 $\text{ES}'_0 \leqslant \text{ES}_0$。

修配环公称尺寸增加值 ΔB_3 为

$$\Delta B_3 = \text{ES}'_0 - \text{ES}_0 = 0.66\text{mm} - 0.2\text{mm} = 0.46\text{mm}$$

所以 B_3 修配后的实际尺寸为 $B'_3 = (5 + 0.46)^{0}_{-0.12}\text{mm} = 5^{+0.46}_{+0.34}\text{mm}$

5) 计算修配量。

$B_1 = 50^{+0.38}_{+0.13}\text{mm}$、$B_2 = 45^{0}_{-0.16}\text{mm}$、$B'_3 = 5^{+0.46}_{+0.34}\text{mm}$，重新计算封闭环尺寸，则有 $B''_0 = 0^{+0.20}_{-0.33}\text{mm}$。将 $B''_0 = 0^{+0.20}_{-0.33}\text{mm}$ 与 $B_0 = 0^{+0.20}_{+0.10}\text{mm}$ 相比较，则有：

最大修配量 $\delta_{c\max} = 0.1\text{mm} - (-0.33)\text{mm} = 0.43\text{mm}$；最小修配量 $\delta_{c\min} = 0\text{mm}$。

（3）调整装配法　调整装配法与修配装配法在补偿原则上相似，只是具体做法不同。将各相关零件按经济加工精度制造，在装配时通过改变一个零件的位置或选定适当尺寸的调节件（如垫片、垫圈、套筒等）加入到尺寸链中进行补偿，以达到规定装配精度要求的方法，称为调整装配法。

1) 可动调整法。可动调整法是在装配时通过改变调整件位置以达到装配精度的方法。

图 2-18 所示为用螺钉调整塑料注射模具自动脱螺纹装置滚动轴承的间隙。转动调整螺钉，可使轴承外圈做轴向移动，使轴承外圈、滚珠及内圈之间保持适当的配合间隙。此法不用拆卸零件，操作方便，故应用广泛。

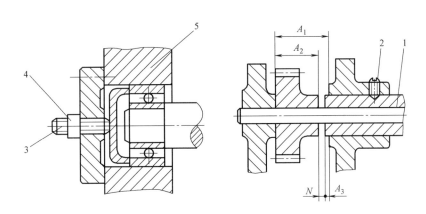

图 2-18 可动调整法

1—调整套筒 2—定位螺钉 3—调整螺钉 4—锁紧螺母 5—滚动轴承

2）固定调整法。固定调整法是在装配过程中选用合适的调整件以达到装配精度的方法。图 2-19 所示为塑料注射模滑块型芯水平位置的装配调整示意图。根据预装配时对间隙的测量结果，从一套不同厚度的调整垫片中，选择一片适当厚度的调整垫片进行装配，从而达到所要求的型芯位置。

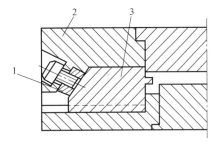

图 2-19 固定调整法的应用

1—调整垫片 2—紧楔块 3—滑块型芯

装配调整法的特点如下：

① 在各组成环按经济加工精度制造的条件下，能获得较高的装配精度。

② 不需要做任何修配加工，还可以补偿磨损和热变形对装配精度的影响。

③ 需要增加尺寸链中零件的数量，装配精度依赖工人的技术水平。

3）误差抵消调整法。在装配中通过调整零部件的相对位置，使加工误差相互抵消，以达到或提高装配精度要求的方法，称为误差抵消调整法。此法适于在小批生产中应用，例如在车床主轴装配中通过调整前后轴承的径向圆跳动方向来控制主轴的径向圆跳动；在滚齿机工作台分度蜗轮装配中，通过调整蜗轮和轴承的偏心方向来抵消误差，提高分度蜗轮的工作精度。

三、任务实施

汽车发动机活塞销与活塞均属于大批量生产的产品，所以优先选用互换装配法进行装配。但常态下装配时要求有 0.0025～0.0075mm 的过盈量，说明装配精度要求高。

1. 采用完全互换法装配

利用极值法计算尺寸链。

依据题意绘制装配尺寸链简图，如图 2-20 所示。

封闭环公差 $T_0 = 0.0075\text{mm} - 0.0025\text{mm} = 0.005\text{mm}$

由于活塞销与活塞销孔的加工难易程度相同，依据等公差法规定，有：

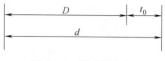

图 2-20　活塞销与活塞销孔尺寸链简图

$T_D = T_d = 0.0025\text{mm}$。

取基轴制，则有：活塞销直径：$d = \phi 28_{-0.0025}^{0}$ mm；活塞销孔直径：$D = \phi 28_{-0.0075}^{-0.0050}\text{mm}$。

由于公差精度过高，加工困难且不经济。

2. 采用分组互换法装配

将活塞销与活塞销孔的公差扩大 4 倍，则有：活塞销直径：$d = \phi 28_{-0.010}^{0}$ mm；活塞销孔直径：$D = \phi 28_{-0.015}^{-0.005}\text{mm}$。

活塞销外圆采用无心外圆磨床加工，活塞销孔采用金刚镗床加工。加工后采用精密测量仪器测量活塞销与活塞销孔的实际尺寸，并按尺寸大小分组，分别涂以不同颜色，以方便进行分组装配，如图 2-21 所示。具体分组情况见表 2-4。

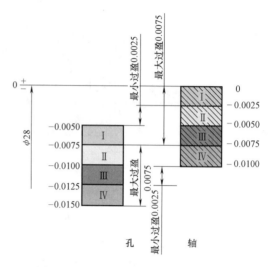

图 2-21　活塞销与活塞销孔的装配关系

表 2-4　活塞销与活塞销孔的分组尺寸

组别	分组颜色	活塞销直径 /mm	活塞销孔直径 /mm	配合情况	
				最小过盈量/mm	最大过盈量/mm
1	绿	$\phi 28_{-0.0025}^{0}$	$\phi 28_{-0.0075}^{-0.0050}$	0.0025	0.0075
2	黄	$\phi 28_{-0.0050}^{-0.0025}$	$\phi 28_{-0.0100}^{-0.0075}$	0.0025	0.0075
3	红	$\phi 28_{-0.0075}^{-0.0050}$	$\phi 28_{-0.0125}^{-0.0100}$	0.0025	0.0075
4	紫	$\phi 28_{-0.0100}^{-0.0075}$	$\phi 28_{-0.0150}^{-0.0125}$	0.0025	0.0075

综上所述：汽车发动机活塞销与活塞较为合理的装配方法是分组互换装配法。

四、知识拓展

装配方法的选择，见表 2-5。

表 2-5　装配方法的选择

装配方法		特点		互换性	尺寸链长短	生产类型	对工人技术水平要求
		零件精度	装配精度				
互换装配法	完全互换法	高	不太高	完全互换	短	大批大量	低
	不完全互换法	较高	不太高	不完全互换	较短	大批大量	低
	分组互换法	经济精度	高	组内互换	短	大批大量	低
修配装配法		经济精度	高	无互换	长	成批或单件	高
调整装配法		经济精度	高	无互换	长	大批大量	高

任务三 固定连接的装配

一、任务导入

完成图 2-22 所示蜗轮、锥齿轮减速器的装配，技术要求如下：

1）零件和组件必须正确安装在规定位置，不允许装入图样未规定的垫圈、衬套类零件。

2）必须严格保证各轴线之间相互位置精度（如平行度、垂直度等）；蜗杆副、锥齿轮副正确啮合，符合相应规定要求，回转件运转灵活。

3）滚动轴承游隙合适，润滑良好，不漏油。

4）各固定连接牢固、可靠。

二、知识链接

图 2-22 蜗轮、锥齿轮减速器

在机器中有相当多的零件需要彼此连接，连接件间不能做相对运动的称为固定连接。固定连接一般分为可拆卸连接和不可拆卸连接。

可拆卸连接的特点是相互连接的零件拆卸时不损坏任何零件，并且拆卸后还能重新连接在一起，常见的有螺纹连接、键连接和销连接等，其中以螺纹连接应用最广。

不可拆卸连接的特点是被连接的零件在使用过程中是不可拆卸的，否则会损坏零件，常见的有焊接、铆接和过盈连接等。

1. 螺纹连接的装配

螺纹连接是利用螺纹连接零件，将两个以上零件刚性连接起来构成的一种可拆卸连接。螺纹连接由于具有结构简单、连接可靠、装拆方便和成本低廉等优点，在机械制造中应用极为广泛。螺纹除了用于连接外，还可以用于固定、堵塞、调整和传动等。

（1）螺纹连接的基本类型与应用 见表 2-6。

表 2-6 螺纹连接的基本类型与应用

类型	结构	特点与应用
螺栓连接	普通螺栓连接　　铰制孔用螺栓连接	结构简单、连接可靠、装拆方便，适用于厚度不大的通孔连接

（续）

类型	结　　构	特点与应用
双头螺柱连接	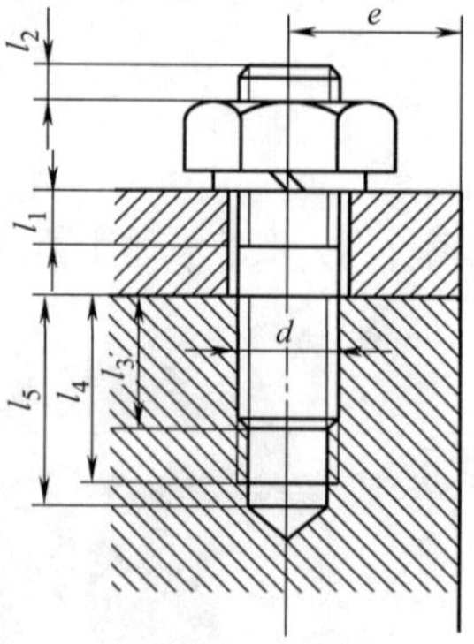	当采用螺栓连接不便,即在被连接件之一较厚且不宜制作通孔的情况下,常采双头螺柱连接,且连接紧凑,可多次拆卸
螺钉连接	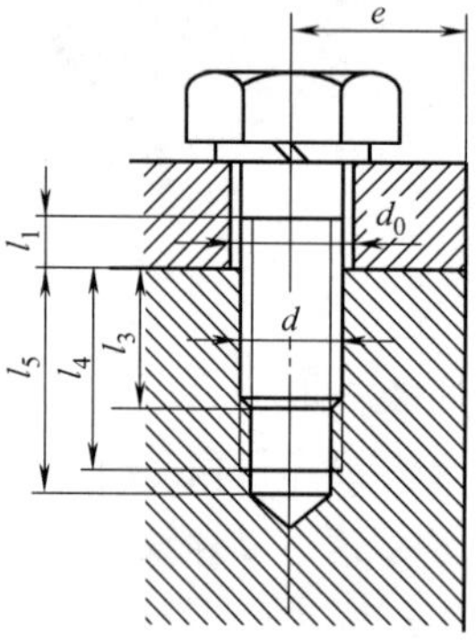	常用于被连接件之一较厚且不宜制作通孔,又因螺纹孔易滑扣,所以不能经常拆卸的情况
紧定螺钉连接	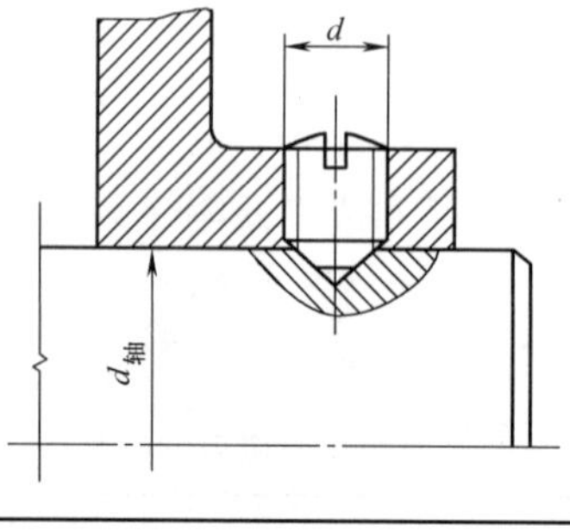	将螺钉旋入被连接件之一的螺纹孔中,以其末端顶住另一被连接件的表面或顶入相应的凹坑中,以固定两个零件的相互位置,多用于轴与轴上零件的连接,并能传递不大的载荷

（2）螺纹连接的技术要求

1）保证一定的拧紧力矩,使得螺纹牙间产生足够的预紧力。

2）螺纹有一定的自锁性,通常情况下不会自行松脱,但是在冲击、振动或者交变载荷下,为了避免连接松动,还应该有可靠的防松装置。

3）保证螺纹连接的配合精度。

（3）螺纹连接的装配

1）螺钉、螺栓和螺母的装配。

① 清理螺栓、螺母或螺钉与连接表面之间的杂物,如碎切屑、毛刺等。

② 在连接螺纹部分涂上润滑油。

③ 进行装配。如图 2-23 所示,将螺栓穿入螺栓孔中,螺母拧在螺栓上,用扳手将螺母

拧紧。

④ 拧紧成组螺母时，需按一定顺序逐次拧紧。拧紧原则一般为从中间向两边对称拧紧，如图 2-24 所示。

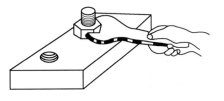

图 2-23　螺栓的拧紧

2）双头螺柱的装配方法　常用的拧紧双头螺柱的方法如下：

① 用两个螺母拧紧（见图 2-25）。将两个螺母相互锁紧在双头螺柱上，将螺柱的另一端拧入螺纹内，然后扳动上面的一个螺母，即可将双头螺柱拧紧在螺纹孔内。

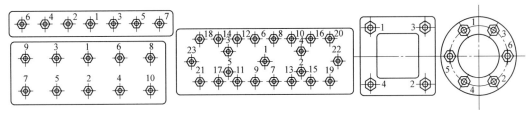

图 2-24　拧紧成组螺母的顺序

② 用长螺母拧紧（见图 2-26）。将长螺母拧入双头螺柱上，再将止动螺钉拧入长螺母中，并顶在螺柱端面，然后扳动长螺母，即可将双头螺柱拧紧在螺纹孔内。最后再将止动螺钉拧松，松开长螺母即可。

③专用工具拧紧（见图 2-27）。将双头螺柱拧入工具套，在双头螺柱的光杠部分，按图 2-27 所示方向旋转专用工具，即可将双头螺柱拧紧，反方向旋转即可将专用工具取出。

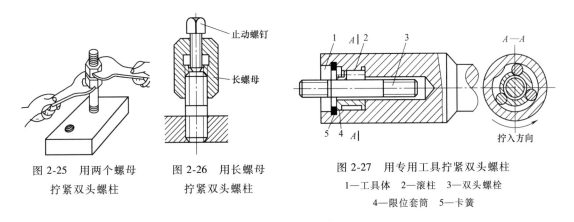

图 2-25　用两个螺母　　　图 2-26　用长螺母　　　图 2-27　用专用工具拧紧双头螺柱
　　　拧紧双头螺柱　　　　　　拧紧双头螺柱　　　1—工具体　2—滚柱　3—双头螺栓
　　　　　　　　　　　　　　　　　　　　　　　　　4—限位套筒　5—卡簧

（4）螺纹连接的预紧与防松

1）螺纹连接的预紧。螺纹连接在装配时一般都必须拧紧，使其在承受工作载荷之前就受到了预紧力的作用。预紧的目的在于增强连接的刚度、可靠性和紧密性，防止受载后被连接件间出现缝隙或发生相对位移。适当地加大预紧力可以提高螺栓的疲劳强度，有利于连接的可靠性和紧密性。但是，过大的预紧力会导致螺纹连接件损坏。因此对重要的螺纹连接件，为了保证连接达到所需要的预紧力，又不使螺纹连接件过载，在装配时要控制预紧力。控制预紧力的方法很多，如测力矩扳手（见图 2-28）可测出预紧力矩，定力矩扳手（见图

2-29）达到固定的拧紧力矩 T 时，弹簧受压将自动打滑。

图 2-28　测力矩扳手

图 2-29　定力矩扳手

2）螺纹连接的防松方法。见表 2-7。

表 2-7　螺纹连接的防松方法

防松方法		结构形式	特点与应用
摩擦防松	弹簧垫圈		利用垫圈的弹性变形使螺纹压紧,结构简单、方便,但垫圈弹力不均,在冲击、振动等工作条件下防松效果差,一般用于不重要的连接
	双螺母	螺栓　上螺母　下螺母	双螺母对顶拧紧使螺纹压紧,结构简单,适用于平稳、低速及重载的固定位置上的连接。但由于多出一个螺母,增加了连接的外轮廓尺寸和重量
	自锁螺母		开有窄槽的螺母末端预先被压成椭圆,当拧入螺栓时,椭圆口被胀开,并箍紧螺栓产生横向压紧,结构简单、防松可靠,可多次装拆而不降低防松性能,适用于较重要的连接
机械方法防松	开口销	K　　　K	槽型螺母拧紧后将开口销穿入螺栓尾部小孔和螺母槽内,并将开口销尾部掰开与螺母侧面贴紧,利用开口销阻止螺栓与螺母的相对转动,适用于有较大冲击和振动的高速机械中

（续）

防松方法		结构形式	特点与应用
机械方法防松	止动垫片	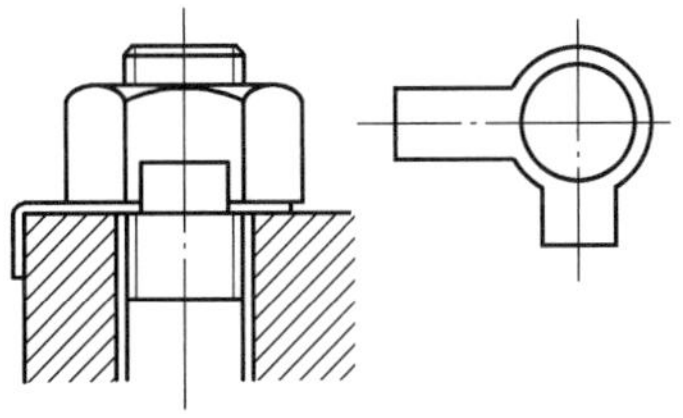	螺母拧紧后将单耳或双耳制动垫圈上的耳分别向螺母和被连接件的侧面折弯贴紧,其结构简单、使用方便、防松可靠
	带翅垫片	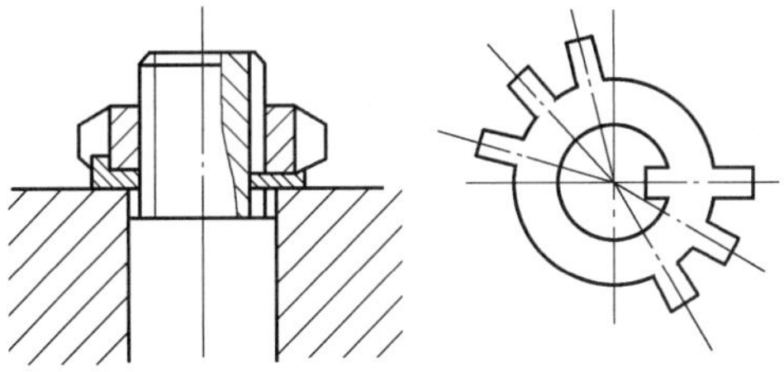	把垫圈内翅嵌入螺栓槽内,拧紧螺母后将垫圈的一个外翅折弯嵌于螺母槽内,结构简单、使用方便、防松可靠,常用于滚动轴承的固定连接
	串联钢丝	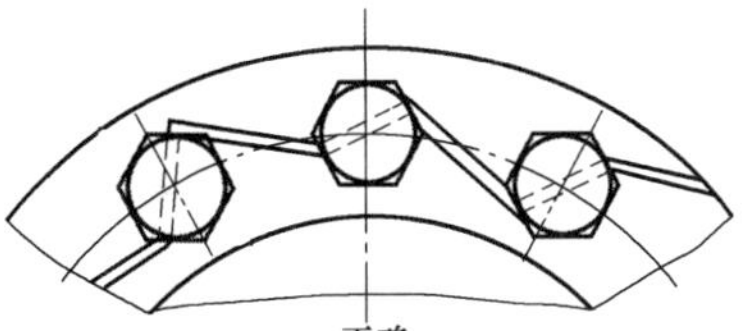 正确 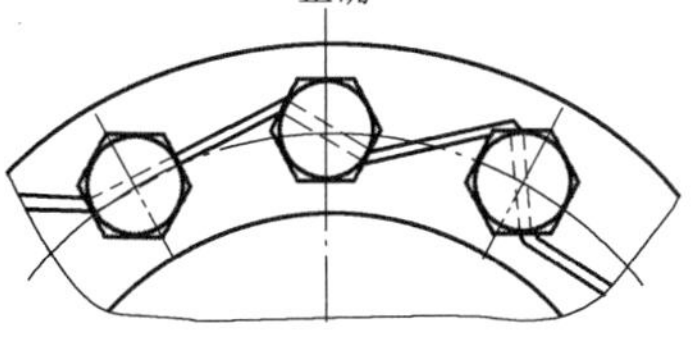 不正确	利用低碳钢丝穿入各螺钉头部的孔内,将螺钉串联起来,使其相互制约,使用时必须注意钢丝的穿入方向,适用于螺钉组的连接,防松可靠,但装拆不便
永久防松	端铆	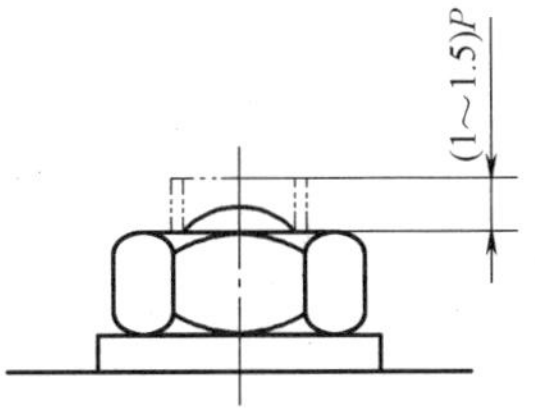	螺钉拧紧后,把螺栓末端的伸出部分铆死。其防松可靠,但拆卸后连接件不能重复使用,适用于不需拆卸的特殊连接
	冲点	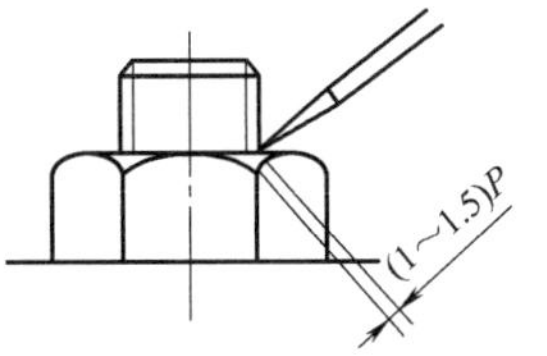	螺钉拧紧后,利用冲头在螺栓末端与螺母分缝处冲点,利用冲点防松。其防松可靠,但拆卸后连接件不能重复使用,适用于不需拆卸的特殊连接

2. 键连接的装配

键连接是将轴和轴上零件通过键在圆周方向上固定，以传递转矩的一种装配方法。它具有结构简单、工作可靠和装拆方便等优点，因此在机械制造中被广泛应用。键连接分为松键连接、紧键连接、花键连接三大类。键连接的类型、结构与装配要点见表2-8。

表2-8 键连接的类型、结构与装配要点

类型	结构	装配要点
松键连接	 	1. 键和键槽不允许有毛刺，以防配合后有较大的过盈 2. 只能用键的头部和键槽配试，以防键在键槽内嵌紧而不易取出 3. 锉配较长键时，允许键与键槽在长度方向上有 0.1mm 的间隙 4. 键连接装配时要加润滑油，装配后的套件在轴上不允许有圆周方向上的摆动
紧键连接	普通楔键连接　　钩头楔键连接	楔键的上表面和轮毂槽底面均有 1∶100 的斜度。装配紧键时，可用涂色法检查楔键上、下表面与轴槽和轮毂槽底部的接触情况，接触率应大于 65%。若发现接触不良，可用锉刀、刮刀修正键槽，合格后轻轻敲入键槽，直至套件的轴向、周向都紧固可靠
花键连接	A—A放大	1. 静花键连接时套件应在花键轴上固定，当过盈量小时可用铜棒打入，若过盈量较大，可将套件（花键孔）加热到 80～120℃ 后再进行装配 2. 动花键连接时应保证正确的配合间隙，使套件在花键轴上能自由滑动，用手感觉在圆周方向不应有间隙 3. 对经过热处理后的花键孔，应用花键推刀修整后再进行装配 4. 对装配后的花键副，应检查花键轴与套件的同轴度和垂直度误差

3. 销连接的装配

销连接在机械中主要用来固定两个（或两个以上）零件之间的相对位置，也用于连接零件并可传递不大的载荷，有时还可以作为安全装置中的过载剪断元件，如图 2-30 所示。销属于标准件，其形状、尺寸已经标准化，一般多用 35 钢、45 钢制造。常用的销连接有圆柱销和圆锥销两种。销连接的类型、结构与装配要点见表 2-9。

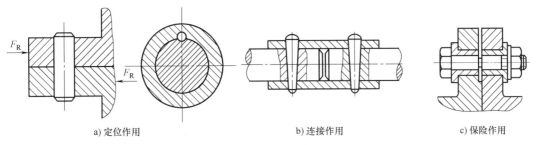

a) 定位作用　　　　b) 连接作用　　　　c) 保险作用

图 2-30　销连接

表 2-9　销连接的类型、结构与装配要点

类型	结构	装配要点
圆柱销		圆柱销一般依靠过盈固定在孔中,用以定位和连接。被连接件的两孔应同时钻、铰,孔壁的表面粗糙度值为 $Ra1.6~\mu m$。装配时,应在销的表面涂油,用铜棒轻轻打入。圆柱销不宜多次装拆,否则会降低定位精度和连接的紧固程度
圆锥销	圆锥销自由放入的深度	装配时,两连接件的销孔应一起钻、铰。钻孔时,按圆锥销的小头直径选用钻头,铰孔时,用 1∶50 的锥铰刀。用试装法控制孔径,以圆锥销可以自由插入全长的 $80\%\sim85\%$ 为宜,然后用锤子敲入销的大头,可稍微露出或与被连接件表面平齐

4. 过盈连接的装配

过盈连接是依靠包容件（孔）和被包容件（轴）配合后的过盈值达到紧固连接的。装配后,轴的直径被压缩,孔的直径被胀大。由于材料的弹性变形,在包容件和被包容件配合面间产生压力,并依靠此压力产生摩擦力来传递转矩、轴向力,如图 2-31 所示。过盈连接的结构简单,对中性好,承载能力强,还可避免由于零件有键槽等而削弱强度。但其配合面加工精度要求较高,装配工作有时也不甚方便,需要加热或采用专用设备等。过盈连接的常见形式有两种,即圆柱面过盈连接和圆锥面过盈连接,其类型、结构与技术要点见表 2-10。

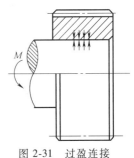

图 2-31　过盈连接

表 2-10　过盈连接的类型、结构与技术要点

类型	结构	技术要点
圆柱面过盈连接		圆柱面过盈连接是依靠轴、孔尺寸差获得过盈,过盈量大,配合紧,过盈量小则配合松。其装配方法取决于过盈量的大小。圆柱面过盈连接一般不易进行多次拆卸,以避免因过盈量的丧失而造成配合松动

（续）

类型	结　　构	技术要点
圆锥面过盈连接		圆锥面过盈连接是利用轴和孔产生相对轴向位移，互相压紧而获得过盈连接的，轴与锥孔轴向位移的大小决定了配合的松紧程度。其压合距离短，装拆时配合表面不易擦伤，装拆方便，但配合表面的加工较困难，多用于经常装拆的场合

（1）过盈连接的装配技术要求

1）较高的配合表面精度。配合表面应具有较高的位置精度和较小的表面粗糙度值，以保证装配后具有较高的对中性。

2）适当的倒角。如图2-32所示，为了便于装配，圆柱面过盈连接孔端和轴的倒角 $\alpha = 5° \sim 10°$，a（轴倒角长度）和 A（孔倒角长度）取值由直径大小决定，一般 $a = 0.5 \sim 3\,mm$，$A = 1 \sim 3.5\,mm$。

图 2-32　圆柱面过盈连接的倒角

3）适当的过盈量。配合的过盈量是按照连接要求的紧固程度确定的，过盈量太小，不能满足传递转矩的要求；过盈量太大，则易造成装配困难。

（2）圆柱面过盈连接的装配方法

1）压装法。当过盈量及配合尺寸较小时，一般采用在常温下压入装配的方法，即压装法。常用的压装法及其设备如图2-33所示。图2-33a所示为用锤子加垫块敲击压入的方法，此方法简单，但导向性不好，常出现歪斜，适用于配合要求较低或配合长度较短的过渡配合连接，且常用于单件生产；图2-33 b、c、d所示为螺旋压力机、专用螺旋的"C"形夹头和齿条压力机，用专用设备进行压装时，导向性好，效率高，适用于压装较紧的过渡配合和轻型过盈配合，如小型轮圈、轮毂、齿轮、套筒及一般要求的滚动轴承等，常用于小批量生产；图2-33e所示为手动压力机，若配合以适当的夹具可提高导向性，适用于装配过盈配合的连接件，如车轮、飞轮、齿圈、连杆衬套及滚动轴承等，常用于成批生产。

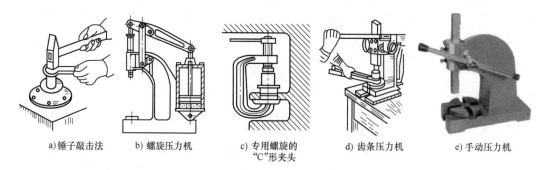

a) 锤子敲击法　　b) 螺旋压力机　　c) 专用螺旋的 "C"形夹头　　d) 齿条压力机　　e) 手动压力机

图 2-33　压装法及其设备

2）热装法。热装法又称红套，是利用金属材料热胀冷缩的物理特性进行装配的，即对包容件加热后使内孔胀大，套入被包容件，待冷却收缩后，使两配合面获得过盈配合。加热的方法应根据过盈量及包容件的尺寸大小而定，一般过盈量较小的连接件可在沸水槽（80～100℃）、蒸气加热槽（120℃）及热油槽（90～320℃）中加热；过盈量较大的中、小型连接件可用电阻炉加热或在红外线辐射加热箱中加热；过盈量较大的大、中型连接件则可利用感应加热或乙炔焰加热等。

3）冷装法。冷装法是将被包容件进行低温冷却，使之缩小，然后与常温下的包容件进行装配的方法。对于过盈量较小的小型连接件和薄壁衬套等装配，可采用干冰将被包容件冷却至-78℃，操作比较简单；对于过盈量较大的连接件，如发动机连杆衬套，可采用液态氮将被包容件冷却至-195℃，冷却时间短，效率高。

冷装法与热装法相比，收缩变形量较小，故多用于过渡配合，有时也用于过盈配合。

（3）圆锥面过盈连接的装配方法

1）螺母压紧形成圆锥面过盈连接。如图2-34所示，这种连接多用于轴端部位，拧紧螺母可使配合面压紧，形成过盈连接。配合面的锥度小时，所需轴向力小，但不易拆卸；锥度大时，拆卸方便，但拉紧轴向力增大。此法常用于传递中、小转矩和经常拆卸的场合。

2）液压装配圆锥面过盈连接。如图2-35所示，用高压油泵将油由包容件（或被包容件）上的油孔和油沟压入配合面间，高压油使包容件内径胀大，被包容件外径缩小，并施加一定的轴向力，使之互相压入，至预定位置后，排出高压油，即可形成过盈连接（也可用高压油来拆卸这种连接）。此种方法不需要很大的轴向力，配合面也不易擦伤，但对配合面接触精度要求较高，并需要高压油泵，常用于承受较大载荷，且需多次装拆的大、中型零件的连接。

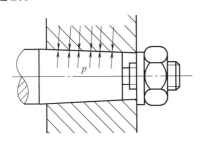

图2-34　螺母压紧形成圆锥面过盈连接

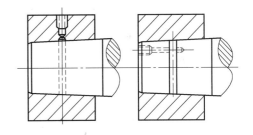

图2-35　液压装配圆锥面过盈连接

（4）过盈连接装配要点

1）表面清洁。装配前要十分注意配合件的清洁。若须对配合件进行加热或冷却处理，则装配前必须将配合面擦干净。

2）润滑。装配前，配合表面应涂油，以免装入时擦伤表面。

3）速度。装配时压入过程应连续，速度稳定且不宜太快，通常为2～4mm/s，并准确控制压入行程。

4）过盈量和形状误差。对细长件或薄壁件，应注意检查过盈量和几何误差，装配时最好垂直压入，以免变形。

三、任务实施

蜗轮、锥齿轮减速器总装配图如图2-36所示，其装配工艺过程分为以下三部分。

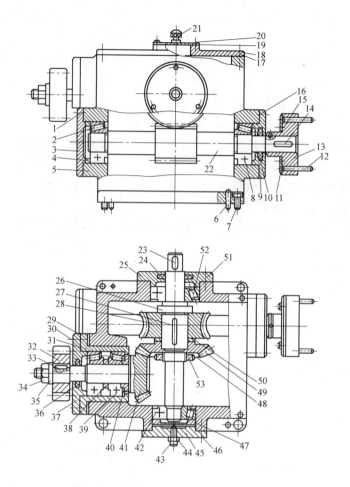

图 2-36　蜗轮、锥齿轮减速器总装配图

1、7、15、16、17、20、30、43、46、51—螺钉　2、8、39、42、52—轴承　3、9、25、37、45—轴承盖

4、29、50—调整垫圈　5—箱体　6、12—销　10、24、36—毛毡　11—环　13—联轴器

14、23、27、33—平键　18—箱盖　19—盖板　21—手把　22—蜗杆轴　26—轴　28—蜗轮　31—轴承套

32—圆柱齿轮　34、44、53—螺母　35、48—垫圈　38—隔圈　40—衬垫　41、49—锥齿轮　47—压盖

1. 装配前期工作

（1）清洗　用清洗剂清除零件表面的防锈油、灰尘、切屑等污物，防止装配时划伤、研损配合表面。

（2）整形　锉修箱盖、轴承盖等铸件的不加工表面，使其与箱体结合部位的外形一致，零件上未去除干净的毛刺、锐边及运输中因碰撞而产生的印痕，也应锉除。

（3）补充加工　指零件上某些部位需要在装配时进行的加工，如箱体与箱盖、箱盖与盖板、各轴承盖与箱体的连接孔和螺孔的配钻、攻螺纹等，如图 2-37 所示。

2. 组件装配

由减速器总装配图（图 2-36）可以看出，减速器的主要组

图 2-37　配钻等补充加工部分

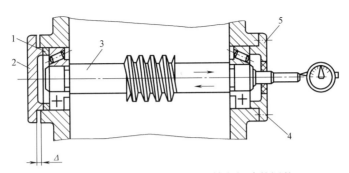

图 2-38　蜗杆轴组件的装配和轴向间隙的调整

1—调整垫圈　2—轴承盖　3—蜗杆轴　4—螺钉　5—轴承盖分组件

件有锥齿轮轴—轴承套组件、蜗杆轴组件和蜗轮轴组件等。其中只有锥齿轮轴—轴承套组件可以独立装配后再整体装入箱体，其余两个组件均必须在部件总装时与箱体一起装配（锥齿轮轴—轴承套组件的具体装配工艺在项目二的任务一中有详细阐述，在此不再讲解）。

　　3. 减速器部件调整

　　（1）蜗杆轴组件调整　将蜗杆轴组件（蜗杆与两轴承内圈组合）装入箱体，如图 2-38 所示，从箱体两端装入两轴承的外圈，再装上轴承盖分组件 5，并用螺钉 4 拧紧，轻轻敲击蜗杆轴左端，使右端轴承消除间隙并贴紧轴承盖，然后在左端试装调整垫圈 1 和轴承盖 2，并测量间隙 Δ，以确定调整垫圈的厚度，最后将合适的调整垫圈和轴承盖装好，并用螺钉拧紧。装配后用百分表在蜗杆轴右侧外端检查轴向间隙，间隙值应为 $0.01\sim0.02$mm。

　　（2）蜗轮轴组件调整　蜗轮轴位置的确定：如图 2-39 所示，先将圆锥滚子轴承的内圈 2 压入轴 6 的大端（左侧），通过箱体孔，装上已试配好的蜗轮及轴承外圈 3，轴的小端装上用来替代轴承的轴套 7（便于拆卸），轴向移动蜗轮轴，调整蜗轮与蜗杆正确啮合的位置并测量尺寸 H，根据 H 调整轴承盖分组件 1 的凸肩尺寸（凸肩尺寸为 H）。

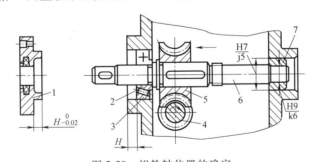

图 2-39　蜗轮轴位置的确定

1—轴承盖分组件　2—轴承内圈　3—轴承外圈　4—蜗杆　5—蜗轮　6—轴　7—轴套

　　（3）确定锥齿轮轴向装配位置　在蜗轮轴上安装锥齿轮轴组件，调整两锥齿轮的轴向位置，使其正确啮合，选定两调整垫圈（图 2-36 中的件 29 和件 50）的厚度。

　　4. 减速器部件总装

　　1）从大轴承孔方向装入蜗轮轴，并依次将键、蜗轮、调整垫圈、锥齿轮、止动垫圈和螺母装在轴上；从箱体轴承孔的两端分别装入滚动轴承及轴承盖，用螺钉紧固好，并调整好轴承间隙。装好后，用手转动蜗杆轴时，应灵活无卡阻现象。

　　2）将锥齿轮轴组件与调整垫圈一起装入箱体，紧固好，复检齿轮啮合侧间隙，并做进一步调整。

3）安装联轴器，然后与试车用的动力轴连接空运转，用涂色法检查齿轮的接触斑痕情况，并做必要调整。

4）清理减速器的内腔，安装箱盖组件，注入润滑油，最后装上盖板，连上电动机。

5. 试车

用手转动联轴器试转，一切符合要求后，接上电源，用电动机进行空运转试车，试车时间不低于30min，达到热平衡后，油池升温不超过35℃，轴承升温不超过40℃，齿轮和轴承无显著噪声并符合其他各项装配技术要求。

四、知识拓展

1. 螺纹装拆常用工具（见图2-40）

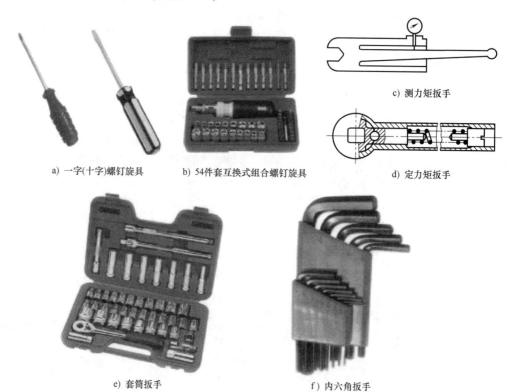

a) 一字(十字)螺钉旋具　　b) 54件套互换式组合螺钉旋具　　c) 测力矩扳手

d) 定力矩扳手

e) 套筒扳手　　　　f) 内六角扳手

图2-40　螺纹装拆常用工具

2. 管道连接的装配

（1）管道连接　管道由管、管接头、法兰盘和衬垫等零件组成，并与流体通道相连，以保证水、气或其他流体的正常流动。

管按其材料不同可分为钢管、铜管、尼龙管和橡胶管等多种。管接头按其形状不同可分为螺纹管接头、法兰盘式管接头、卡套式管接头和球形管接头等多种。

（2）管道连接装配的技术要求

1）保证足够的密封性。采用管道连接时，管在连接以前常需进行密封性试验（水压试验或气压试验），以保证管没有破损和泄漏现象。为了加强密封性，当使用螺纹管接头时，在螺纹处还需加以填料，如白漆加麻丝或聚四氟乙烯薄膜等。用法兰盘连接时，须在接合面之间垫以衬垫，如石棉板、橡皮或软金属等。

2）保证压力损失最小。采用管道连接时，管道的通流截面应足够大，长度应尽量短且管壁要光滑。管道方向的急剧变化和截面的突然改变都会造成压力损失，必须尽可能避免。

（3）管道连接的装配方法

1）法兰盘连接。两法兰盘端面必须与管的轴心线垂直，如图 2-41 所示，其中图 2-41a 所示的连接形式正确，图 2-41b 所示的连接形式是不正确的，它使连接时法兰端面之间密封性降低或使管道发生扭曲。

2）球形管接头连接。当采用球形管接头连接时，如管道流体压力较高，应对管接头的密封球面（或锥面）进行研配。涂色检查时，其接触面宽度应不小于 1mm，以保证足够的密封性。球形管接头的结构如图 2-42 所示。

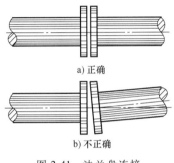

a) 正确

b) 不正确

图 2-41　法兰盘连接

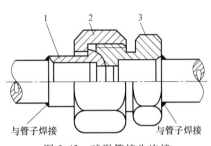

与管子焊接　　　　　　与管子焊接

图 2-42　球形管接头连接

1—球形接头体　2—连接螺母　3—接头体

任务四　轴承和主轴部件的装配

一、任务导入

完成 CW6163 车床主轴装配任务，见表 2-11。

表 2-11　CW6163 车床主轴装配任务

任务图	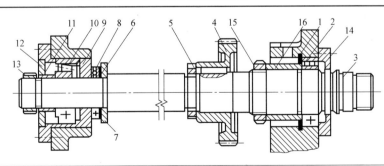
任务要求	CW6163 车床主轴前端采用圆柱滚子轴承，用以承受切削时的径向力。主轴的轴向推力由推力轴承和圆锥滚子轴承承受。调整螺母可控制主轴的轴向窜动，并使主轴轴向双向固定。当主轴运转使温度升高时，允许主轴向前端伸长，而不影响前轴承所调整的间隙

二、知识链接

轴承是机械设备中一种重要零部件，其主要功能是支撑机械旋转体，降低其运动过程中的摩擦因数，并保证其回转精度。按运动元件摩擦性质的不同，轴承可分为滚动轴承和滑动轴承两大类。其中滚动轴承已经标准化、系列化，但与滑动轴承相比，它的径向尺寸大，振动和噪声较大，价格也较高。

1. 滑动轴承的装配

滑动轴承工作时与对偶件处于滑动摩擦状态，依据滑动轴承与轴颈之间的润滑状态，可分为液体润滑滑动轴承（轴颈与轴承的工作表面被一层润滑油膜完全隔开）和非液体润滑滑动轴承（轴颈与轴承的工作表面并没有被润滑油膜完全隔开）。滑动轴承的主要特点是运转平稳、振动小、无噪声、寿命长，还具有结构简单、制造方便、径向尺寸小、能承受较大冲击载荷等特点，所以多数机床都采用滑动轴承。

（1）滑动轴承的装配技术要求　轴承与轴颈之间应获得所需要的间隙、良好的接触与充分润滑，使轴在轴承中运转平稳。滑动轴承的装配方法取决于轴承的结构形式。滑动轴承结构形式有整体式和剖分式。

（2）整体式滑动轴承的装配　图 2-43 所示为整体式滑动轴承，其结构简单、成本低，磨损后间隙无法调整，拆卸不方便，适用于低速、轻载场合。

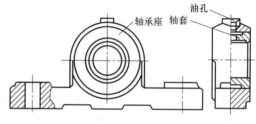

图 2-43　整体式滑动轴承

1）将符合要求的轴套和轴承孔除去毛刺，并经擦洗干净之后，在轴套外径或轴承座孔内涂抹机油。

2）压入轴套。压入时可根据轴套的尺寸及配合过盈量的大小选择压入方法，当尺寸和过盈量较小时，可用锤子敲入，但需要垫板保护；当尺寸或过盈量较大时，则宜用压力机压入或在轴套位置对准后用拉紧夹具把轴套缓慢地压入机体中，如图 2-44 所示。压入时，如果轴套上有油孔，应与机体上的油孔对准。

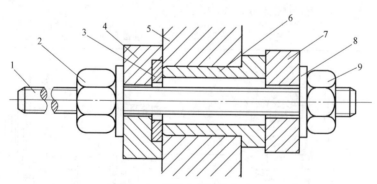

图 2-44　压轴套专用拉紧夹具

1—螺杆　2、9—螺母　3、8—垫圈　4、7—挡圈　5—机体　6—轴套

3）轴套定位。如图 2-45 所示，在压入轴套后，对负荷较大的轴套，还要用紧定螺钉或定位销等固定。

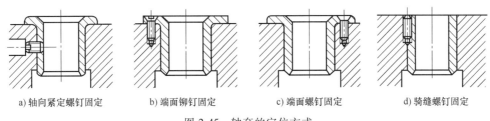

a) 轴向紧定螺钉固定　　b) 端面铆钉固定　　c) 端面螺钉固定　　d) 骑缝螺钉固定

图 2-45　轴套的定位方式

4）轴套的修整。对于整体的薄壁轴套，在压装后，内孔易发生变形。如内孔缩小或成椭圆形，可用铰削和刮削等方法，修整轴套孔的形状误差，与轴颈保持规定的间隙。

（3）剖分式滑动轴承的装配　图 2-46 所示为剖分式滑动轴承的结构。

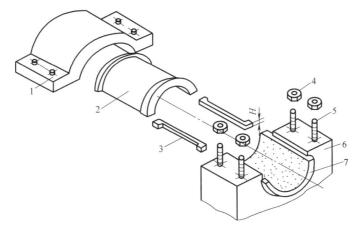

图 2-46　剖分式滑动轴承的结构

1—轴承盖　2—上轴瓦　3—垫片　4—螺母　5—双头螺柱　6—轴承座　7—下轴瓦

1）轴瓦的清洗与检查。先用煤油、汽油或其他清洗剂将轴瓦清洗干净，然后检查轴瓦有无裂纹、砂眼及孔洞等缺陷。检查方法：可用小铜锤沿轴瓦表面顺次轻轻地敲打，若发出清脆的"叮当"声音，则表示轴瓦衬里与底瓦钻合较好，轴瓦质量好；若发出浊音或哑音，则表示轴瓦质量不好。若发现缺陷，应采取补焊的方法消除或更换新轴瓦。

2）轴瓦瓦背的刮研。为将轴上的载荷均匀地传给轴承座，要求轴瓦背与轴承座内孔应有良好的接触，且配合紧密。下轴瓦与轴承座的接触面积不得小于 60%，上轴瓦与轴承盖的接触面积不得小于 50%。装配过程中可用涂色法检查，如达不到上述要求，应刮削轴承座与轴承盖的内表面或用细锉锉削瓦背进行修研，直到达到要求为止。

3）轴瓦的装配。装配轴瓦时，可在轴瓦的接合面上垫以软垫（木板或铅板），用锤子将它轻轻地打入轴承座或轴承盖内，然后用螺钉或销钉固定。

装配轴瓦时，必须注意以下两个问题。

① 轴瓦与轴颈之间的接触表面所对的圆心角称为接触角，此角度过大，不利润滑油膜的形成，影响润滑效果；此角度过小，会增加轴瓦的压力，也会加剧轴瓦的磨损。故一般接触角应在 60°~90°。当载荷大、转速低时，取较大的接触角；当载荷小、转速高时，取较小的接触角。在刮研轴瓦时应将大于接触角的轴瓦部分刮去，使其不与轴接触。

② 轴瓦和轴颈之间的接触点与机器的特点有关，具体如下：

低速及间歇运行的机器：接触点数为 $1\sim1.5$ 点/cm^2；

中等负荷及连续运转的机器：接触点数为 $2\sim3$ 点/cm^2；

高负荷及高速运行的机器：接触点数为 $3\sim4$ 点/cm^2。

4）轴承间隙的调整。轴瓦与轴颈的配合间隙有顶间隙 b（保持液体摩擦，以利形成油膜），为轴径的 $0.1\%\sim0.2\%$；侧间隙 a（积聚和冷却润滑油，形成油楔），单侧间隙为顶间隙的 $1/2\sim2/3$；轴向间隙 s（热胀冷缩的余地），固定端轴向间隙之和不大于 $0.2\mathrm{mm}$，游动端轴向间隙应不小于轴受热膨胀时的伸长量，如图 2-47 所示。

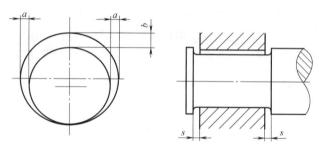

图 2-47　滑动轴承间隙示意图

其中径向间隙可采用压铅丝或塞尺测量，轴向间隙可采用塞尺或百分表测量。如不满足要求，则采用刮研或加调整垫片等方法解决。

2. 滚动轴承的装配

滚动轴承是将运转的轴与轴座之间的滑动摩擦变为滚动摩擦，从而减少摩擦损失的一种已标准化的精密机械元件，如图 2-48 所示。滚动轴承一般由内圈、外圈、滚动体和保持架四部分组成。内圈的作用是与轴相配合并与轴一起旋转；外圈的作用是与轴承座相配合，起支撑作用；滚动体借助于保持架均匀地将滚动体分布在内圈和外圈之间，其形状大小和数量直接影响着滚动

图 2-48　滚动轴承

轴承的使用性能和寿命；保持架能使滚动体均匀分布，防止滚动体脱落，引导滚动体旋转，起润滑作用。滚动轴承的特点是摩擦阻力小、效率高、轴向尺寸小、维护简单、互换性强等，但是它承受冲击振动的能力较差。

（1）滚动轴承的装配技术要求

1）装配轴承时，压力应直接加在待配合的圈套端面上，不允许通过滚动体传递压力。

2）装配过程中应保持清洁，防止异物进入轴承内。

3）装配后的轴承应转动灵活，噪声小，工作温度不超过 $50\,℃$。

（2）装配前的准备工作

1）按所装的轴承，准备好所需的工具和量具。

2）按图样的要求检查与轴承相配的零件，如轴、轴承座、端盖等表面是否有凹陷、毛刺、锈蚀和固体微粒。

3）检查轴承型号、数量与图样要求是否一致。

4）用汽油或煤油清洗轴承及与轴承配合的零件，并用干净的布仔细擦净，然后涂上一薄层润滑油。

（3）滚动轴承的装配

滚动轴承的装配方法应根据轴承结构、尺寸的大小和过盈量来选择。一般滚动轴承的装配方法有锤击法、压入法和热装法等。

1）圆柱孔滚动轴承的装配。对于不可分离型轴承（如向心球轴承），要按照座圈配合松紧程度决定其安装顺序。当轴承内圈与轴颈配合较紧、外圈与壳体配合较松时，如图2-49a所示，应先将轴承装在轴上，压装时，将用铜或低碳钢制作的套筒垫在轴承内圈上，套筒内孔要比轴径稍大，采用锤击法将轴承安装到轴上，最后将轴承连同轴一起装入壳体；当轴承外圈与壳体孔配合较紧、内圈与轴配合较松时，如图2-49b所示，应先将轴承压入壳体中，此时套筒的外径应略小于壳体孔直径；当轴承内圈与轴颈、外圈与壳体均配合较紧时，如图2-49c所示，应把轴承同时压在轴上和壳体中，此时套筒的端面应做成能同时压紧轴承内、外圈端面的圆环。

对于分离型轴承（如圆锥滚子轴承），由于外圈可以自由脱开，装配时将内圈和滚动体一起装在轴上，外圈装在壳体孔内，然后调整它们之间的游隙。

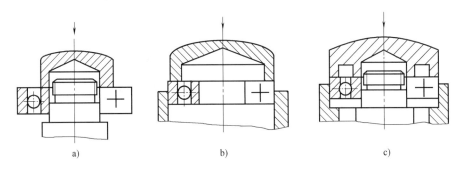

a)   b)   c)

图2-49　轴承座圈的安装

具体的装配方法有锤击法（适用于过盈量较小的场合）、压入法（适用于过盈量较大的场合）和热装法（适用于过盈量很大的场合）。

2）圆锥孔滚动轴承的装配。当过盈量较小时，可直接将轴承装在有锥度的轴颈上，也可以装在紧定套和退卸套的锥面上，如图2-50所示。

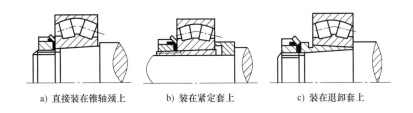

a) 直接装在锥轴颈上　　　b) 装在紧定套上　　　c) 装在退卸套上

图2-50　圆锥孔滚动轴承的装配

3）推力球轴承的装配。推力球轴承有松圈和紧圈之分，装配时一定要注意，千万不可装反，否则会造成轴发热过多，或出现卡死的现象。装配时应使紧圈靠在转动零件的端面上，松圈靠在静止（或箱体）零件的端面上，如图2-51所示。

3．轴组的装配

轴组是指轴、轴上零件及两端轴承的组合，具体包括以下几个部分。

（1）滚动轴承的轴向固定

1）两端固定方式。在轴承两端的支点上，用轴承盖单向固定，分别限制两个方向的轴向移动，为避免轴受热伸长将轴卡死，在轴承外圈与轴承盖之间留有 0.5~1mm 的间隙，以便轴受热时左右窜动，如图 2-51 所示。对于普通工作温度下的短轴（跨距 $L \leqslant 400\text{mm}$），常采用较简单的两端固定方式。

2）一端双向固定方式。将右端轴承双向固定，左端轴承可随轴做轴向游动。这种固定方式工作时不会发生轴向窜动，受热时又能自由地向另一端伸长，轴不至于被卡死。当轴较长或工作温度较高时，轴的伸缩量大，宜采用一端双向固定方式，如图 2-52 所示。

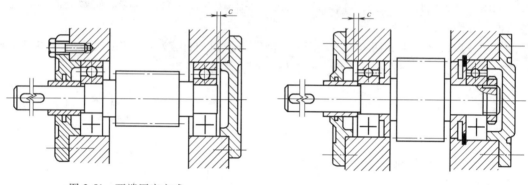

图 2-51　两端固定方式　　　　　图 2-52　一端双向固定方式

（2）滚动轴承游隙的调整　滚动轴承的游隙是指在一个套圈固定的情况下，另一个套圈沿径向或轴向的最大活动量，故游隙可分为径向游隙和轴向游隙两种。

滚动轴承的游隙太大，会造成同一时刻承受载荷作用的滚动体的数量减少，使单个滚动体所承受的载荷增大，从而降低轴承的旋转精度和使用寿命；游隙太小，会使摩擦力增大，产生的热量增加，加剧磨损，同样使轴承的寿命降低。因此，许多轴承在装配时都要严格控制和调整游隙。通常采用使轴承内圈相对外圈做适当的轴向移动的方法，来保证游隙适当。其采用的具体方法如下：

1）调整垫片法。通过调整轴承盖与壳体端面间的垫片厚度 δ，来调整轴承的轴向游隙，如图 2-52 所示。

2）调整螺钉螺母法。图 2-53a 所示的调整方法：先松开螺母 2，再调整螺钉 3，待游隙调整好之后，最后再锁紧螺母 2；图 2-53b 所示的调整方法：先拔出开口销 4，再调整带槽螺母 5，待游隙调整好后，再插入开口销 4。

（3）滚动轴承的预紧　对于承受载荷较大，旋转精度要求较高的轴承，大都是在无游隙，甚至有少量过盈的状态下工作的，这种轴承都需要在装配时进行预紧。所谓预紧就是在装配轴承时，给轴承的内圈或外圈施加一个轴向力，以消除轴向游隙，并使滚动体与内、外圈接触处产生初始弹性变形。预紧能提高轴承在工作状态下的刚度和旋转精度。滚动轴承的预紧原理如图 2-54 所示。

1）角接触球轴承的预紧。角接触球轴承装配时的布置方式如图 2-55 所示。图 2-55a 所示为背对背式（外圈宽边相对）布置；图 2-55b 所示为面对面式（外圈窄边相对）布置；图 2-55c 所示为串联排列式（外圈宽、窄边相对）布置。无论采用何种布置方式，都是在相同的两个轴承之间配置不同厚度的间隔套，来达到预紧的目的。图中箭头的方向即为所施加

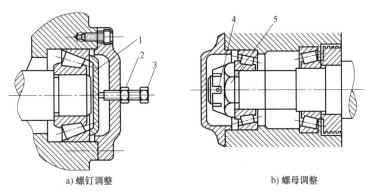

a) 螺钉调整   b) 螺母调整

图 2-53   调整螺钉螺母法调整轴承游隙

1—压盖 2—螺母 3—螺钉 4—开口销 5—带槽螺母

的预紧力的方向。

2）单个轴承的预紧。如图 2-56 所示，通过调整螺母，使弹簧产生大小不同的预紧力，并施加在轴承的外圈上，以达到预紧的目的。

3）内圈为圆锥孔的轴承的预紧。如图 2-57 所示，预紧的方法是：先松开两个螺母 1 中左边的螺母，再拧紧右边的螺母，通过隔套 2 使轴承内圈 3 向轴颈大的一端移动，使轴承内圈 3 的直径增大，从而消除轴承与轴颈间的径向间隙，以达到预紧的目的，最后再将螺母 1 中左边的螺母拧紧，起到锁紧的作用。

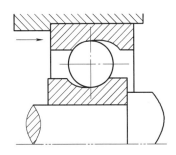

图 2-54   滚动轴承的预紧原理

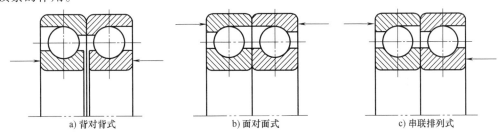

a) 背对背式   b) 面对面式   c) 串联排列式

图 2-55   角接触球轴承装配时的布置方式

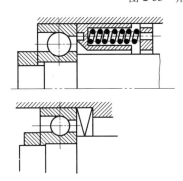

图 2-56   单个轴承的预紧

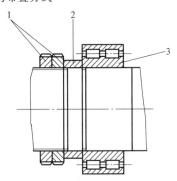

图 2-57   内圈为圆锥孔的轴承的预紧

1—螺母 2—隔套 3—轴承内圈

（4）滚动轴承的定向装配　对精度要求高的主轴部件，滚动轴承内圈与轴颈配合时，应采用定向装配，即将主轴前后轴承内圈的偏心（径向圆跳动误差）和主轴锥孔轴线的偏差置于同一轴向截面内，并按一定的方向装配，这样通过装配时的调整手段，使相关件的制造误差相互抵消至最小值，以获得主轴的最佳旋转精度。所以，装配前必须对主轴及轴承等各主要配合零件进行测量，确定误差值和方向并做好标记。

1）轴承外圈径向圆跳动误差的检测。如图 2-58 所示，使轴承内圈不动，转动外圈并沿百分表方向压迫外圈，百分表的最大读数即为外圈最大径向圆跳动误差。

2）轴承内圈径向圆跳动误差的检测。如图 2-59 所示，使轴承外圈固定不动，在内圈端面上施加均匀的测量载荷 F，然后使内圈旋转一周以上，由百分表便可读出轴承内圈径向圆跳动误差。

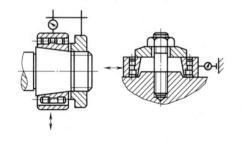

图 2-58　轴承外圈径向圆跳动误差的检测

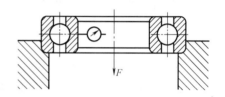

图 2-59　轴承内圈径向圆跳动误差的检测

3）主轴锥孔中心线的检测。如图 2-60 所示，将主轴轴颈置于 V 形架上，在主轴锥孔中插入测量用心轴，转动主轴一周以上，便可测得锥孔中心线的偏差数值及方向。

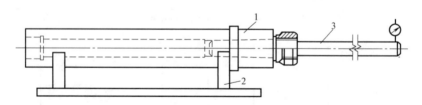

图 2-60　主轴锥孔中心线的检测

1—主轴　2—V 形架　3—心轴

4）滚动轴承定向装配要点。

① 使滚动轴承内圈的最高点与主轴轴颈的最低点相对应。

② 使滚动轴承外圈的最高点与壳体孔的最低点相对应。

③ 前后两个滚动轴承的径向圆跳动误差不相等时，应使前轴承的径向圆跳动误差比后轴承小。

三、任务实施

参照图 2-61 所示为 CW6163 车床主轴部件图，完成装配任务。

1. 装配步骤

1）将弹性挡圈 1 和滚动轴承 2 的外圈装入箱体前轴承孔中。

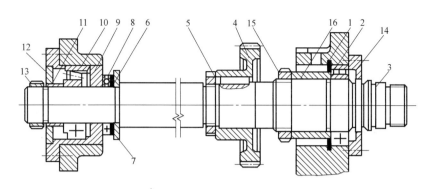

图 2-61　CW6163 型车床主轴部件

1—弹性挡圈　2—滚动轴承　3—主轴　4—大齿轮　5、13、15—螺母　6、7—垫圈　8—推力
球轴承　9—轴承座　10—圆锥滚子轴承　11—衬套　12—盖板　14—法兰　16—调整套

2）将图 2-62 所示的组件（装入箱体前先组装好）从前轴承孔中穿入，在此过程中，从箱体上面依次将键、大齿轮 4、螺母 15、垫圈 6、7 和推力球轴承 8 装在主轴上，然后把主轴移动到规定位置。

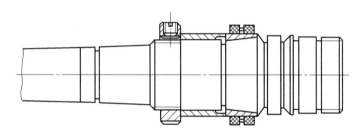

图 2-62　车床主轴分组件

3）将滚动轴承 2 的内圈按定向装配法从主轴的后端套上，并依次装入调整套 16 和调整螺母 15。

4）从箱体后端，把如图 2-63 所示的后轴承座体和圆锥滚子轴承外圈组件装入箱体，并拧紧螺钉。

5）将圆锥滚子轴承 10 的内圈装在主轴上（定向装配法），敲击时用力不要过大，以免主轴移动。

6）依次装入衬套 11、盖板 12、螺母 13 及法兰 14，并拧紧所有螺钉。

7）调整、检查。

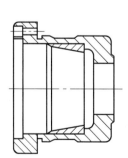

图 2-63　后轴承座体

2. 车床主轴部件的预装

在主轴没装其他零件之前，先对主轴进行一次预装。对 CW6163 车床而言，应先调整后轴承，然后再调整前轴承，因为后轴承对轴有双向轴向固定作用。未调整之前主轴能够任意翘动，不能定心，此时若调整前轴承，会影响前轴承的准确性。

（1）后轴承的调整　先将螺母 13 松开，并旋转螺母 13，逐渐收紧圆锥滚子轴承和推力球轴承，用百分表触及主轴前肩台面，用适当的力，前后推动主轴，保证轴向间隙在

0.01mm 以内。同时用手转动大齿轮，直至手感到主轴旋转灵活自如、无阻滞后，再将螺母锁紧。

（2）前轴承的调整　调整时，逐渐拧紧螺母 15，通过调整套 16，使轴承内圈在主轴锥部做轴向移动，迫使内圈胀大，保持轴承内外滚道的间隙为 0~0.005mm。

3. 车床主轴的试车调整

机床正常运转时，随着温度升高，主轴轴承的间隙会发生变化。主轴轴承间隙一般应在温升稳定后再调整，称为试车调整。

打开箱盖，按油标位置加入润滑油，适当旋松主轴承螺母 15 和螺母 13（旋松螺母前，最好用划针在螺母边缘和主轴上做一记号，记住原始位置，以供调整时参考）。用木锤在主轴前后端适当振击，使轴承回松，保持间隙为 0.01~0.02mm。从低速到高速空转不超过 2h，且在最高速度下运转不应少于 30min，一般油温不超过 60℃ 即可。停车后拧紧两个螺母，进行必要的调整。

任务五　传动机构的装配

一、任务导入

完成图 2-64 所示蜗杆、锥齿轮减速器的装配任务。该减速器安装在原动机与工作机之间，用来降低转速和增大转矩，其技术要求如下：

1）零件和组件必须按装配图要求安装在规定的位置，各轴线之间应该有正确的相对位置。

2）固定连接件（如键、螺钉、螺母等）必须保证零件或组件牢固地连接在一起。

3）旋转部分运转灵活，轴承的间隙应调整合适，能保证润滑良好，无渗漏现象。

4）锥齿轮副和蜗杆副的啮合必须符合技术要求。

图 2-64　蜗杆、锥齿轮减速器

二、知识链接

传动机构的类型很多，常见的有带传动、齿轮传动、链传动、螺旋传动、蜗杆传动等。

1. 带传动机构

带传动是利用张紧在带轮上的传动带与带轮的摩擦或啮合来传递运动和动力的装置。

（1）带传动机构的特点与应用

1）传动带有弹性，能缓冲、吸振，传动较平稳，噪声小。

2）摩擦带传动在过载时带在带轮上打滑，可防止损坏其他零件，起安全保护作用，但不能保证准确的传动比。

3）结构简单，制造成本低，适用于两轴中心距较大的传动，如拖拉机、汽车发动机等。

4）传动效率低，外形尺寸大，对轴和轴承压力大，寿命短，不适合高温或易燃场合。

（2）带传动机构的装配技术要求

1）严格控制带轮的径向圆跳动和轴向窜动量，通常要求其径向圆跳动允差为 $(0.00025 \sim 0.0005)D$，轴向圆跳动允差为 $(0.0001 \sim 0.0005)D$，其中 D 为带轮直径。

2）两带轮轮槽的中间平面应重合，其倾斜角和轴向偏移量不能过大。一般倾斜角不超过 $1°$，否则不仅带易脱落，而且还会加剧带与带轮的磨损。

3）带轮工作表面的表面粗糙度值 Ra 要大小适当，过大会使传动带磨损加快，过小易使传动带打滑，一般控制在 $Ra1.6\mu m$ 左右比较适宜。

4）带的张紧力要适当，并且要便于调整。

（3）带轮与带的装配

1）带轮的装配。一般带轮孔与轴的连接为过渡配合 H7/k6，该配合有少量过盈，能保证带轮与轴有较高的同轴度。为了传递较大的转矩，还要用紧固件进行带轮的周向固定和轴向固定。图 2-65 所示为带轮在轴上的几种固定方式。

装配时，首先用煤油清洗零件，用锉刀修去毛刺；其次锉配两轴上的平键，锉配好后将平键用铜棒敲入相应的键槽内，将配合表面擦拭干净，并涂上润滑油；最后采用螺旋压入工具将带轮压到轴上，如图 2-66 所示。安装后，首先检查带轮的径向圆跳动和轴向圆跳动，如图 2-67 所示；其次检查两带轮相互位置的正确性，如图 2-68 所示。

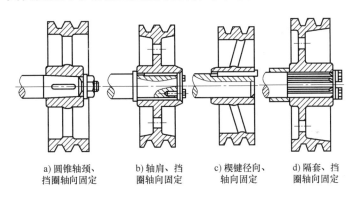

a) 圆锥轴颈、　　b) 轴肩、挡　　c) 楔键径向、　　d) 隔套、挡
挡圈轴向固定　　圈轴向固定　　　轴向固定　　　圈轴向固定

图 2-65　带轮在轴上的固定方式

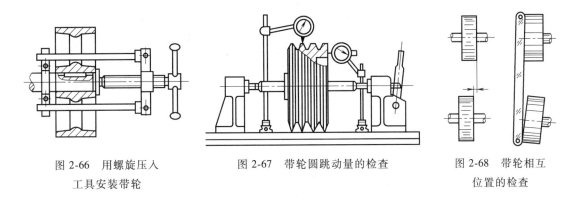

图 2-66　用螺旋压入　　　图 2-67　带轮圆跳动量的检查　　　图 2-68　带轮相互
工具安装带轮　　　　　　　　　　　　　　　　　　　　　位置的检查

2）带的装配。先将 V 带套在小带轮的轮槽中，转动大带轮，同时用一字螺钉旋具或铜棒将 V 带拨入大轮槽内，如图 2-69 所示。安装后的 V 带在轮槽中的正确位置如图 2-70 所示。

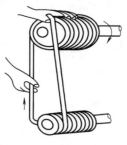

图 2-69 V 带的安装

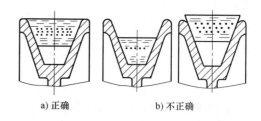

a) 正确   b) 不正确

图 2-70 V 带在轮槽中的位置

（4）张紧力的控制 带传动是一种摩擦传动，适当的张紧力是保证带传动正常工作的重要条件。张紧力不足，带会在带轮上打滑，不仅使传递的转矩减小，还会加剧带的磨损；张紧力过大，不仅增大了轴和轴承上的作用力，还会使带的使用寿命降低。因此，必须对张紧力进行检查和调整。

1）张紧力的检查。在带与带轮两切点 A、B 的中点，垂直于带加一载荷 G，测量带产生的挠度 y。V 带传动中，规定在测量载荷 G 的作用下，带与两带轮切点之间在每 100mm 长度的跨距上，中点产生 1.6mm 挠度的张紧力最为适宜，如图 2-71 所示。

2）张紧力的调整。传动带工作一定时间后，将发生塑性变形，使张紧力减小。为使带能正常传动，在带传动机构中都有调整张紧力的装置，其原理是靠改变两带轮的中心距来调整张紧力。当两带

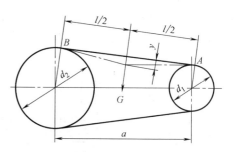

图 2-71 张紧力的检查

轮的中心距不可改变时，可使用张紧轮张紧，如图 2-72 所示。

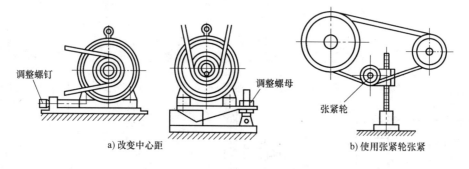

调整螺钉

调整螺母

张紧轮

a) 改变中心距   b) 使用张紧轮张紧

图 2-72 张紧力的调整

2. 齿轮传动机构

齿轮传动机构是现代机械中应用最广泛的传动机构。它是通过轮齿之间的啮合来传递运动和转矩的。齿轮传动机构的优点是结构紧凑、承载能力大、使用寿命长、传动效率高、传动比准确，并能组成变速机构和换向机构；缺点是制造工艺复杂、成本较高，安装精度要求高，不适于中心距较大的场合，如变速箱、减速器等。齿轮传动机构的类型较多，常见的有圆柱齿轮、锥齿轮传动机构等。

（1）齿轮传动机构的装配技术要求

1）要保证齿轮与轴的同轴度，严格控制齿轮的径向圆跳动和轴向窜动量。如固定齿轮：不允许偏心、歪斜；空套齿轮：在轴上不应晃动；滑移齿轮：在轴上不应有咬死或阻滞现象。

2）保证相互啮合的齿轮之间有准确的中心距和适当的齿侧间隙。齿侧间隙过小，会加剧齿轮的磨损，并使齿轮不能灵活转动，甚至出现卡死现象；齿侧间隙过大，换向时会产生剧烈的冲击、振动，使噪声增大。

3）保证齿轮啮合时有一定的接触斑点和正确的接触位置。

4）对转速高、直径大的齿轮，装配前要进行平衡试验，以免工作时产生较大的振动。

（2）圆柱齿轮传动机构的装配　齿轮传动机构的装配方法与齿轮箱体的结构特点有关。对于整体齿轮箱（非剖分式齿轮箱，如车床的主轴箱、进给箱、溜板箱等），其齿轮传动机构的装配是在箱体内进行的，即在齿轮装入轴上的同时，也将轴组装入箱体内。剖分式齿轮箱（如呈两半对开状的减速器齿轮箱）的装配方法是先将齿轮按技术要求装入轴上，然后将齿轮组件装入箱体内，并对轴承进行固定、调整即可。

1）齿轮与轴的装配。齿轮与轴的装配（连接）形式有空套、滑移和固定三种。其中在轴上空套或滑移的齿轮，一般与轴为间隙配合，装配精度主要取决于零件本身的加工精度，这类齿轮装配较方便；在轴上固定的齿轮，与轴的配合多为过渡配合，有小量的过盈，装配时需加一定的外力。过盈量较小时，可用手工工具敲击装入；过盈量较大时，可用压力机压装或采用液压套合的装配方法。压装齿轮时要尽量避免齿轮偏心、歪斜和端面未紧贴轴肩等安装误差，如图2-73所示。

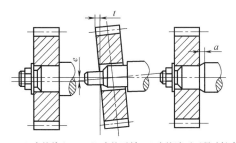

a）齿轮偏心　b）齿轮歪斜　c）齿轮端面不紧贴轴肩

图2-73　齿轮在轴上的安装误差

对于精度要求高的齿轮传动机构，压装后应检查径向圆跳动和轴向圆跳动。利用V形架和顶尖将齿轮固定，如图2-74所示，把适当规格的圆柱规2放在齿轮的齿间，将百分表1抵在圆柱规2上，转动齿轮，每隔3~4齿检查一次，在齿轮旋转一周内，百分表1的最大读数与最小读数之差，就是齿轮分度圆上的径向圆跳动误差；将百分表3抵在齿轮端面，在齿轮旋转一周范围内，百分表3的最大读数与最小读数之差即为齿轮轴向圆跳动误差。

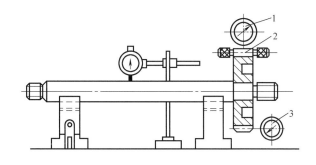

图2-74　齿轮径向、轴向圆跳动误差的检测

1、3—百分表　2—圆柱规

2）箱体主要部位的检测。齿轮的啮合质量要求包括适当的齿侧间隙和一定的接触面积以及正确的接触位置。齿轮啮合质量的好坏，除了齿轮本身的制造精度，箱体孔的尺寸精度、形状精度及位置精度，都直接影响齿轮的啮合质量。

① 孔距：如图 2-75a 所示，利用游标卡尺分别测得 d_1、d_2、L_1、L_2，然后计算中心距，为

$$A = L_1 + \frac{d_1}{2} + \frac{d_2}{2}$$

或

$$A = L_2 - \left(\frac{d_1}{2} + \frac{d_2}{2}\right)$$

② 孔系（轴系）平行度：如图 2-75b 所示，在孔中插入检验棒，用千分尺分别测量检验棒两端尺寸 L_1、L_2，则 $L_1 - L_2$ 就是两孔轴线的平行度误差。

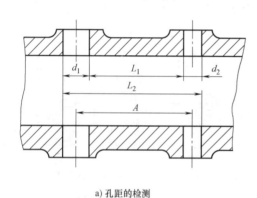

a）孔距的检测

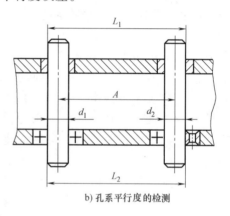

b）孔系平行度的检测

图 2-75

③ 孔轴线与基面距离尺寸精度和平行度的检测：如图 2-76 所示，箱体用等高垫块支承在平板上，检验棒与孔紧密配合，用高度尺测量检验棒两端尺寸 h_1 和 h_2，则轴线与基面的距离为

$$h = \frac{h_1 + h_2}{2} - \frac{d}{2} - a$$

平行度误差 Δ 为

$$\Delta = h_1 - h_2$$

当误差过大时，可采用刮削基面的方法予以纠正。

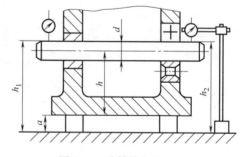

图 2-76 孔轴线与基面距离和平行度误差的检测

④ 孔中心线与孔端面垂直度的检测：如图 2-77a 所示，将带圆盘的专用检验棒插入孔中，用涂色法或用塞尺检测孔中心线与孔端面的垂直度误差。如图 2-77b 所示，用检验棒和百分表进行检测，心轴转动一周，百分表读数的最大值与最小值之差，即为孔端面对孔中心线的垂直度误差。若发现误差过大，可采用刮削端面的方法予以纠正。

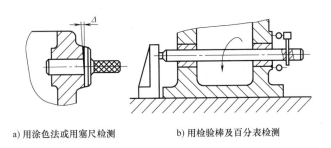

a) 用涂色法或用塞尺检测　　　　　　　　b) 用检验棒及百分表检测

图 2-77　孔中心线与孔端面的垂直度误差

⑤ 孔中心线同轴度的检测：如图 2-78a 所示，成批生产时，用专用检验棒进行检测，若检验棒能自由地推入几个孔中，则表明孔中心线的同轴度合格；如图 2-78b 所示，用百分表、检验棒检验，转动检验棒一周内，百分表最大读数与最小读数之差即为同轴度误差。

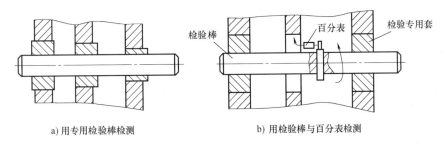

a) 用专用检验棒检测　　　　　　　　b) 用检验棒与百分表检测

图 2-78　孔中心线同轴度的检测

3) 将齿轮组件装入箱体。将齿轮组件装入箱体后，必须对齿轮的啮合质量进行检查。齿轮的啮合质量主要包括以下内容。

① 齿侧间隙的检测：齿轮啮合间隙的主要功能是贮存润滑油及补偿齿轮尺寸的加工误差和中心距的装配误差。检测齿侧间隙最简单、最直观的方法是压铅丝法。如图 2-79 所示，在齿宽两端的齿面上平行放置两条直径约为齿侧间隙 4 倍的铅丝（宽齿应放置 3~4 条），转动啮合齿轮挤压铅丝，铅丝被挤压后最薄处的尺寸即为齿侧间隙。

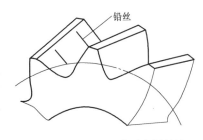

图 2-79　用压铅丝检测齿侧间隙

此外，也可以用塞尺直接测量出齿轮的顶隙和侧隙。

② 接触精度的检查：接触精度的主要指标是接触斑点，一般用涂色法检查。将红丹粉涂于主动齿轮齿面上，转动主动齿轮并使从动齿轮轻微转动后，即可检查其接触斑点。对双向工作的齿轮，正反两个方向都应进行检查。

齿轮上接触印痕的面积大小，应随齿轮精度而定。一般传动齿轮（6~9 级精度）在轮齿的高度上接触斑点应不少于 30%~50%，在轮齿的宽度上应不少于 40%~70%，其分布的位置应是自节圆处上下对称分布。

影响齿轮接触精度的主要因素是齿形精度及安装是否正确。当接触斑点位置正确，而面积太小时，说明齿形误差太大，应在齿面上加研磨剂并使两轮转动，进行研磨，以增加接触面积。齿形正确而安装有误差造成接触不良的原因及调整方法见表 2-12。

表 2-12　有安装误差造成接触不良的原因及调整方法

接触斑点	原因分析	调整方法	接触斑点	原因分析	调整方法
正常接触			单向角接触	两齿轮轴线不平行	在中心距允许范围内刮削轴瓦或调整轴承座
偏齿顶接触	中心距太大		对角接触	两齿轮轴线歪斜	
游离接触	齿轮端面与回转中心线不垂直	检查并找正齿轮端面与回转中心线垂直	齿根接触	中心距太小	
不规则接触	齿面有毛刺或碰上隆起	去毛刺并修正	单向偏接触	两齿轮轴线不平行及歪斜	

（3）锥齿轮传动机构的装配　装配锥齿轮传动机构的顺序与装配圆柱齿轮传动机构的顺序相似。

1）箱体的检测。锥齿轮一般传递互相垂直的两根轴之间的运动，装配之前需检测两安装孔轴线的垂直度和相交程度。同一平面内两孔垂直度误差和相交程度的检测方法如图 2-80 所示。图 2-80a 所示为同一平面内两孔垂直度误差的检测方法，将百分表安装在检验棒 1 上，同时在检验棒 1 上安装定位套筒，防止检验棒 1 产生轴向窜动。旋转检验棒 1，百分表在检验棒 2 上 L 长度的两点读数差，即为两孔在 L 长度内的垂直度误差。图 2-80b 所示为两孔轴线相交程度的检测方法，检验棒 1 的测量端做成叉形槽，检验棒 2 的测量端为台阶形，即通端和止端。检测时，若通端能通过叉形槽而止端不能通过，则相交程度合格，否则为不合格。

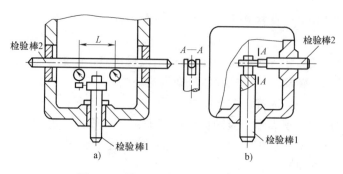

图 2-80　同一平面内两孔垂直度误差
和相交程度的检测方法

若两孔不在同一平面内，则检测方法如图 2-81 所示，箱体用千斤顶支撑在平板上，用直角尺将检验棒 2 调成垂直位置，此时测量检验棒 1 对平板的平行度误差，即为两孔轴线的垂直度误差。

2）两锥齿轮轴向位置的确定。当一对标准的锥齿轮传动时，必须使两齿轮分度圆锥相切、两锥顶重合。装配时据此来确定小锥齿轮的轴向位置，即小锥齿轮轴向位置按安装距离（小锥齿轮基准面至大锥齿轮轴的距离）来确定。如此时大锥齿轮尚未装好，可用工艺轴代替，然后按侧隙要求确定大锥齿轮的轴向位置，通过调整垫圈厚度将齿轮的位置固定，如图 2-82 所示。

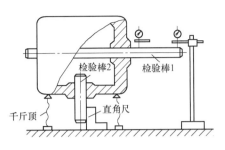

图 2-81　不同平面内两孔垂直度误差的检测方法

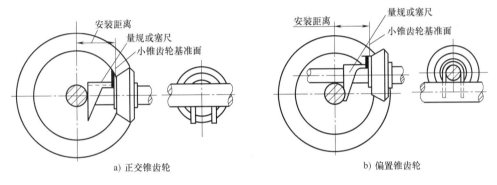

a) 正交锥齿轮　　　　　　　　　b) 偏置锥齿轮

图 2-82　小锥齿轮轴向定位

3）锥齿轮装配质量的检查。装配质量的检查包括齿侧间隙的检测和接触斑点的检查。

① 齿侧间隙的检测：其检测方法与圆柱齿轮基本相同。

② 接触斑点的检查：接触斑点检查一般用涂色法。在无载荷时，接触斑点应靠近轮齿小端，以保证工作时轮齿在全宽上能均匀地接触。满载荷时，接触斑点在齿高和齿宽方向应不少于 40%~60%（随齿轮精度而定）。直齿锥齿轮接触斑点状况分析与调整见表 2-13。

表 2-13　直齿锥齿轮接触斑点状况分析与调整

接触斑点	接触斑点状况及原因分析	调整方法
正常接触	接触斑点状况：接触区在齿宽中部偏小端	
下齿面接触 上齿面接触	接触斑点状况：接触区小齿轮在上（下）齿面，大齿轮在下（上）齿面 原因分析：小齿轮轴向位置误差	小齿轮沿轴线向大齿轮方向移出（移近），如侧隙过大（过小），将大齿轮朝小齿轮方向移近（移出）

（续）

接触斑点	接触斑点状况及原因分析	调整方法
小端接触	接触斑点状况:齿轮副同在近小端或大端处接触 原因分析:齿轮副轴线交角太大或太小	不能用一般方法调整,必要时修刮轴瓦或返修箱体
大端接触 小端接触	接触斑点状况:齿轮副分别在轮齿一侧大端接触,另一侧小端接触 原因分析:齿轮副轴线偏移	检查零件误差,必要时修刮轴瓦

3. 蜗杆传动机构

蜗杆传动机构用来传递互相垂直的空间交错两轴之间的运动和动力，如图 2-83 所示，常用于转速需要急剧降低的场合，具有降速比大、结构紧凑、有自锁性、传动平稳、噪声小等特点，缺点是传动效率较低，工作时发热大，需要有良好的润滑。

（1）蜗杆传动机构的装配技术要求　通常的蜗杆传动以蜗杆为主动件，其轴线与蜗轮轴线在空间交错轴间交角为 90°，装配时应符合以下技术要求。

1）蜗杆轴线应与蜗轮轴线垂直，蜗杆轴线应在蜗轮轮齿的中间平面内。

2）蜗杆与蜗轮间的中心距要准确，以保证有适当的齿侧间隙和正确的接触斑点。

3）转动灵活，通过蜗轮在任意位置旋转蜗杆手感相同，无卡阻现象。

蜗杆传动装配不符合要求的几种情况如图 2-84 所示。

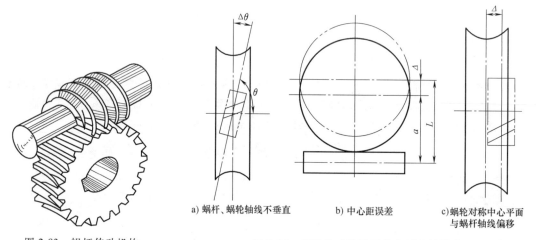

图 2-83　蜗杆传动机构

图 2-84　蜗杆传动装配不符合要求的情况

a) 蜗杆、蜗轮轴线不垂直　　b) 中心距误差　　c)蜗轮对称中心平面与蜗杆轴线偏移

（2）蜗杆传动机构箱体装配前的检查　为了确保传动机构的装配要求，通常是先对蜗杆箱体上蜗杆轴孔中心线与蜗轮轴孔中心线间的中心距和垂直度进行检测。

1）检测箱体孔的中心距：如图 2-85 所示，将箱体用三只千斤顶支承在平板上。测量时，将检验棒 1 和 2 分别插入箱体蜗轮和蜗杆轴孔中，调整千斤顶，使其中一个检验棒与平板平行（可用百分表在检验棒两端的最高点进行测量），再分别测量两检验棒至平板的距

离，即可计算出中心距 A，即

$$A = H_1 - \frac{d_1}{2} - \left(H_2 - \frac{d_2}{2} \right)$$

2）箱体轴孔中心线间垂直度的检测：如图 2-86 所示，先将蜗轮孔检验棒和蜗杆孔检验棒分别插入箱体上蜗杆和蜗轮的安装孔内。在蜗轮孔检验棒的一端套装有百分表的支架并用螺钉紧定。旋转蜗轮孔检验棒，百分表测头抵住蜗杆检验棒，在 L 长度范围内的读数差，即为两轴线在 L 长度范围内的垂直度误差值。

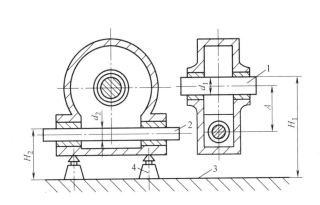

图 2-85　检测箱体孔的中心距

1、2—检验棒　3—平板　4—千斤顶

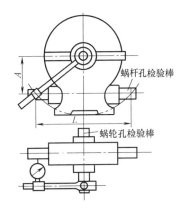

图 2-86　检测箱体轴
孔中心线间的垂直度误差

（3）蜗杆传动机构的装配　一般情况下，装配工作是从装配蜗轮开始的，其步骤如下：

1）组装蜗轮：应先将组合式蜗轮齿圈压装在轮毂上，方法与过盈配合的装配方法相同，并用螺钉加以紧固。

2）将蜗轮装在轴上，其安装及检验方法与圆柱齿轮相同。

3）把蜗轮轴组件装入箱体，然后再装入蜗杆。一般蜗杆轴的位置由箱体孔确定，要使蜗杆轴线位于蜗轮轮齿的中间平面内，可通过调整垫片厚度的方法调整蜗轮的轴向位置。

（4）蜗杆传动机构装配质量的检验

1）蜗轮的轴向位置及接触斑点的检验：用涂色法检验其啮合质量。先将红丹粉涂在蜗轮孔的螺旋面上并转动蜗杆，可在蜗轮齿面上获得接触斑点，如图 2-87 所示。图 2-87a 所示为正确接触，其接触斑点应在蜗轮齿面中部稍偏于蜗杆旋出方向；图 2-87b、c 所示为蜗轮轴向位置不正确，应配磨垫片来调整蜗轮的轴向位置。接触斑点的长度，轻载时为齿宽的25% ~ 50%，满载时为齿宽的 90% 左右。

2）齿侧间隙的检测：一般要用百分表检测。如图 2-88a 所示，在蜗杆轴上固定一带量角器的刻度盘，将百分表测头抵在蜗轮齿面上，用手转动蜗杆，在百分表指针不动的条件下，用刻度盘相对固定指针的最大空程角判断齿侧间隙的大小。如用百分表直接与蜗轮齿面接触有困难，可在蜗轮轴上装一测量杆，如图 2-88b 所示。

装配后的蜗杆传动机构，还要检查其转动灵活性，蜗轮在任何位置上，用手旋转蜗杆所需的转矩均应相同，没有咬住现象。

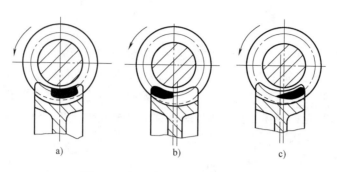

图 2-87 蜗轮齿面上的接触斑点

三、任务实施

蜗杆、锥齿轮减速器的装配过程详见本项目任务三。

四、知识拓展

1. 链传动机构的装配

链传动机构是由两个链轮和连接它们的链条组成的，如图 2-89 所示，通过链和链轮的啮合来传递运动和动力。常

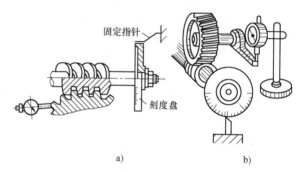

图 2-88 蜗杆传动机构齿侧间隙的检测

用的链传动有套筒滚子链和齿形链，如图 2-90 所示。套筒滚子链与齿形链相比，噪声大，运动平稳性差，速度不宜过大，但成本低，故应用广泛。

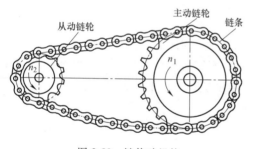

图 2-89 链传动机构

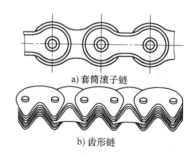

图 2-90 链传动机构的基本类型

（1）链传动机构的装配技术要求

1）两链轮轴线必须平行，否则会加剧链条和链轮的磨损，降低传动平稳性并增加噪声。

2）两链轮之间轴向偏移量必须在要求范围内，一般当两轮中心距小于 500mm 时，允许轴向偏移量为 1mm；当两轮中心距大于 500mm 时，允许轴向偏移量为 2mm。

3）链轮的跳动量必须符合要求，可用划针盘或百分表进行检查。

4）链条的下垂度要适当，过紧会加剧磨损；过松则容易产生振动或脱链现象。对于水平或 45°以下的链传动，链的下垂度应小于 2%L（L 为两链轮的中心距）；倾斜度增大时，

要减少下垂度，在链垂直传动时，应小于 $0.2\%L$。

（2）链传动机构的装配

1）链轮在轴上的固定：可采用键连接并用紧定螺钉固定或圆锥销固定。

2）链轮装配方法：与带轮装配方法基本相同。

3）套筒滚子链的接头形式：套筒滚子链的接头形式如图 2-91 所示，图 2-91a 所示为采用开口销固定活动销轴，图 2-91b 所示为采用弹簧卡片固定活动销轴，这两种形式都在链节数为偶数时使用。当使用弹簧卡片时，要注意开口端方向应与链条运动方向相反，以免运转中受到撞碰而脱落。图 2-91c 所示为采用过渡链节接合的形式，适用于链节数为奇数的情况。这种过渡链节的柔性较好，具有缓冲和减振作用，但链板会受到附加弯曲作用。

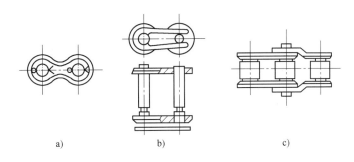

a)　　　　　　　　b)　　　　　　　　c)

图 2-91　套筒滚子链的接头形式

4）链条两端的接合。如两轴中心距可调节且链轮在轴端时，链条可以预先接好，再装到链轮上。如果结构不允许预先将链条接头接好时，则必须先将链条套在链轮上再进行连接，此时需用专用的拉紧工具，如图 2-92a 所示。齿形链条须先套在链轮上，用拉紧工具拉紧后再进行连接，如图 2-92b 所示。

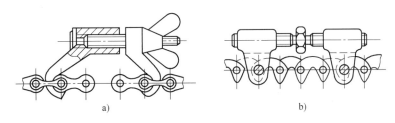

a)　　　　　　　　　　　　b)

图 2-92　拉紧链条

2. 螺旋传动机构的装配

螺旋传动机构可将旋转运动转换为直线运动，具有传动精度高、工作平稳、无噪声、易于自锁、能传递较大转矩等特点。图 2-93 所示为螺旋式千斤顶。

（1）螺旋传动机构的装配技术要求

1）螺旋副应有较高的配合精度和准确的配合间隙。

2）螺旋副轴线的同轴度及丝杠轴线与基准面的平行度应符合要求。

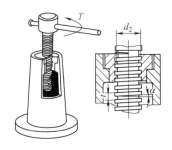

图 2-93　螺旋式千斤顶

3）螺旋副相互转动应灵活，丝杠的回转精度应在规定范围内。

（2）螺旋机构的装配要点

1）螺旋副配合间隙的测量和调整。螺旋副的配合间隙是保证其传动精度的主要因素，分径向间隙（顶隙）和轴向间隙两种。

径向间隙的测量：径向间隙直接反映丝杠螺母的配合精度。如图 2-94 所示，其测量方法是使百分表测头抵在螺母上，用稍大于螺母重量的力压下或抬起螺母，百分表指针的摆动量即为径向间隙值。

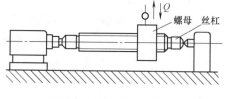

图 2-94　径向间隙的测量

轴向间隙的消除和调整：丝杠螺母的轴向间隙直接影响其传动的准确性，进给丝杠应有轴向间隙消除机构，简称消隙机构。

① 单螺母消隙机构：螺旋副传动机构只有一个螺母时，常采用图 2-95 所示的消隙机构，使螺旋副始终保持单向接触。注意：消隙机构的消隙方向应与切削力的 F_X 方向一致，以防止进给时产生爬行，影响进给精度。

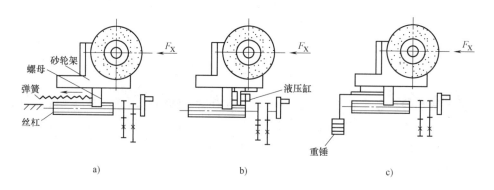

图 2-95　单螺母消隙机构

② 双螺母消隙机构：双向运动的螺旋副应用两个螺母来消除双向轴向间隙，如图 2-96 所示。通过调整两个螺母的轴向相对位置，以消除螺母与丝杠之间的轴向间隙并实现预紧。

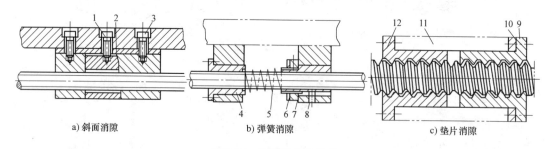

图 2-96　双螺母消隙机构

1、3—螺钉　2—楔块　4、8、9、12—螺母　5—弹簧　6—垫圈　7—调整螺母　10—垫片　11—工作台

2）找正丝杠与螺母轴线的同轴度及丝杠轴线与基准面的平行度

为了能准确而顺利地将旋转运动转变为直线运动，螺旋副必须同轴，丝杠轴线必须和基面平行。为此，安装丝杠螺母时应按以下步骤进行。

① 先正确安装丝杠两轴承支座，用专用检验棒和百分表找正，使两轴承孔轴线在同一直线上，且与螺母移动时的基准导轨平行，如图 2-97 所示。找正时可以根据误差情况修刮轴承座接合面，并调整前、后轴承的水平位置，使其达到要求。检验棒上素线 a 找正垂直平面，侧素线 b 找正水平平面。

② 以平行于基准导轨面的丝杠两轴承孔的中心连线为基准，找正螺母与丝杠轴承孔的同轴度，如图 2-98 所示。找正时将检验棒 4 装在螺母座 6 的孔中，移动工作台 2，如检验棒 4 能顺利插入前、后轴承座孔中，即符合要求；否则应按尺寸修磨垫片 3 的厚度。

3）调整丝杠的回转精度。丝杠的回转精度是指丝杠的径向圆跳动和轴向窜动量的大小。装配时，通过正确安装丝杠两端的轴承支座来保证。

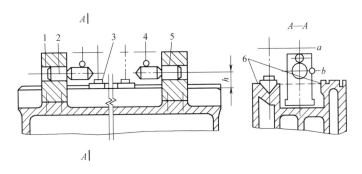

图 2-97　找正螺母孔与轴承孔的平行度误差

1、5—前、后轴承座　2—检验棒　3—磁力表座滑板

4—百分表　6—螺母移动基准导轨

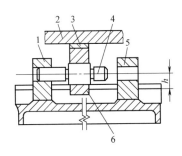

图 2-98　找正螺母孔与轴承孔的同轴度误差

1、5—前、后轴承座　2—工作台　3—垫片

4—检验棒　6—螺母座

项目三

机 修 钳 工

【学习目标】

知识目标

1. 了解设备保养知识；

2. 熟练掌握设备拆装的基本知识；

3. 掌握机械零件、机构的常见损坏形式及修复技术。

技能目标

1. 能够对机床常见故障进行简单排除；

2. 掌握设备拆卸的常用方法；

3. 掌握机械零件的常见修复方法。

机修钳工是指使用工具、量具和辅助设备等，对各类设备的机械部分进行维护和修理。视具体情况不同，机修钳工包括以下几个方面。

1）大修：即将设备全部解体，修理基准件，更换和修理磨损件，刮研或磨削全部导轨面，全面消除缺陷，恢复设备原有精度、性能和效率，接近或达到出厂标准。

2）中修：即将设备局部解体，修复或更换磨损机件，找正各零、部件间的一些不协调环节，调整坐标以恢复并保持设备的精度、性能、效率至下次修理。

3）小修：即清洗设备，部分拆检零部件，调整、更换和修复少量磨损件，保证设备能满足生产工艺要求。

4）二级保养：即以机（电）修工人为主、操作工人为辅，对设备进行部件解体、检查和修理，修复或更换严重磨损机件，并进行清洗检查，恢复局部精度，以达到工艺要求。

5）项修：即针对精密、大型、稀少设备进行大修，需要一定的人力、物力和财力，而且需要较长的停台时间，对设备进行分部修理，使其处于完好状态，满足工艺要求。

6）定期性的精度检查与精度调整：即指对精密机床和担负关键加工工序的重点设备，特别是高精度设备，除进行计划检修外，还要在修理间隔期对其进行定期的精度检查，若发现超差或异常现象，则由机修钳工进行调校。如需刮研或更换较大零件才能调校精度，在不影响加工质量的情况下，可在最近一次计划修理时消除。

7）故障修理：设备临时损坏而组织的修理。

8）事故修理：设备发生了事故而进行的修理。

9）设备改装：即为了解决设备的两种磨损（自然磨损和无形磨损），特别是无形磨损

（如技术老化），采用先进的、成熟可靠的新技术、新材料、新工艺，对老设备、老机床进行合理、经济、实用及有效的改造，以满足生产发展的需要。

10）新设备的安装、调试：即对更新或新增的设备进行安装、调试，直至验收投入使用。

机修钳工的知识构架。

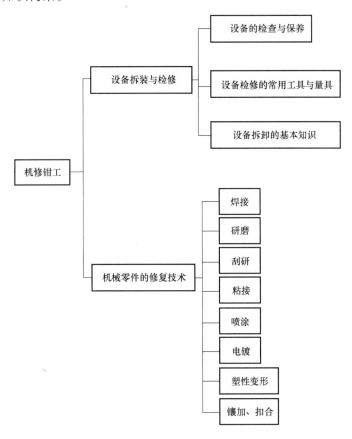

任务一　设备拆装与检修

一、任务导入

按照表 3-1 的要求，完成三相异步电动机的拆卸与检修任务。

表 3-1　三相异步电动机拆卸与检修任务表

三相异步电动机	任务及要求
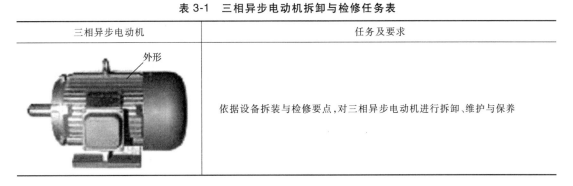 外形	依据设备拆装与检修要点，对三相异步电动机进行拆卸、维护与保养

二、知识链接

1. 设备检查

设备检查是对设备在工作时的运转可靠性、精度保持性和零件磨损情况进行检查。通过检查，可以了解设备的机械、电气、液压、润滑等系统的技术状况；了解设备零部件的磨损情况；及时发现并排除设备存在的隐患，防止设备的急剧磨损和突发性事故的发生。通过检查，可以对发现的问题提出修理和解决的办法，做好修理前的准备工作。设备检查的划分见表 3-2。

表 3-2　设备检查的划分

划分种类		定　义
时间划分	日常检查	操作工人每天按照设备管理制度检查所规定的项目
	定期检查	维修工人在操作工人的配合下,定期对设备进行检查
技术划分	机能检查	对设备的各项机能进行全面检查和测定,如漏油、漏水等现象,测定零件性能是否合格等
	精度检查	对设备的工作精度进行全面检查,保证设备的实际运行精度

2. 设备保养

（1）日常保养　这类保养由操作者负责，每日班后小维护，每周班后大维护，主要内容：认真检查设备使用和运转情况，填写好交接班记录，对设备各部件进行擦洗、清洁，定时加油润滑；随时注意紧固松脱的零件，调整排除设备小缺陷；检查设备零部件是否完整，工件、附件是否放置整齐等。

（2）一级保养　这类保养是指设备运行一个月（两班制），以操作者为主，维修工人配合进行保养。其主要工作内容：检查、清扫、调整电气控制部位；彻底清洗、擦拭设备外表，检查设备内部；检查、调整各操作、传动机构的零部件；检查油泵、疏通油路，检查油箱油质、油量；清洗或更换油毡、油线，清除各活动面毛刺；检查、调节各指示仪表与安全防护装置；发现故障隐患和异常，要予以排除，并排除泄漏现象等。设备经一级保养后要求达到：外观清洁、明亮；油路畅通、油窗明亮；操作灵活，运转正常；安全防护、指示仪表齐全、可靠。

（3）二级保养　是以维持设备的技术状况为主的检修形式。二级保养的工作量介于中修理和小修理之间，既要完成小修理的部分工作，又要完成中修理的一部分工作，主要针对设备易损零部件的磨损与损坏进行修复或更换。二级保养要完成一级保养的全部工作，还要求润滑部位全部清洗，结合换油周期检查润滑油质，进行清洗换油；检查设备的动态技术状况与主要精度（噪声、振动、温升、油压、波纹、表面粗糙度等），修复调整精度已劣化部位，校验机装仪表，修复安全装置，清洗或更换电动机轴承，测量绝缘电阻等。经二级保养后，要求精度和性能达到工艺要求，无漏油、漏水、漏气、漏电现象，声响、振动、压力、温升等符合标准。二级保养前后应对设备进行动、静技术状况测定。

3. 设备检修的常用工具与量具

（1）手动压床（见图 3-1）　手动压床不同于各种吨位的机械式压力机，是一种以手动为动力、吨位较小的机修钳工常用的辅助设备，用在过盈连接中零件的拆卸压出和装配压入，有时也可用来矫正弯曲变形的轴类零件。

（2）千斤顶（见图 3-2） 一种小型的起重工具，主要用来起重工件或重物。机修钳工用它拆卸和装配设备中过盈配合的零件，如锻压设备的滑动轴承等。千斤顶体积小，操作简单、使用方便。

图 3-1 手动压床

图 3-2 千斤顶

（3）葫芦 一种轻小型的起重设备，其体积小、重量轻、价格低廉且使用方便。葫芦分电动葫芦和手动葫芦。机修钳工在工作中使用较多的是手动葫芦，与吊架配套使用，拆卸或装配机床零部件。国产电动葫芦按起吊索具结构的不同分为环链式电动葫芦（见图 3-3）和钢丝绳式电动葫芦。

（4）轴承加热器（见图 3-4） 能用于轴承、插接器、齿轮、机械衬套等圆状工件的加热及自动退磁，使圆柱形工件膨胀，实现过盈装配的要求。

图 3-3 环链式电动葫芦

图 3-4 轴承加热器

（5）水平仪（见图 3-5） 一般用来测量对水平位置或垂直位置的微小角度偏差。在机修中，水平仪常用来找正装配基准件（如底座、机身、导轨、工作台等零部件）的安装水平度，测量各种机床及其他类型设备导轨的直线度误差，以及零部件相对位置的平行度和垂直度误差。

（6）光学平直仪（见图 3-6） 在机床制造和修理中，用来检查床身导轨在水平面内和垂直面内的直线度误差，并可检查检验用平板的平面度误差。光学平直仪的测量精度较高，操作也较简便，是当前导轨直线度误差测量仪器中较先进的一种。光学平直仪是根据自准直原理制成的，与光学准直仪也是有区别的。光学准直仪是由平行光管和望远镜组合配合使用的，光学平直仪是将平行光管和望远镜做成一体，因此具有自准直的性能。

图 3-5 水平仪

图 3-6 光学平直仪

除此之外，还有声级计（用来测量噪声等级的仪器，既可单独使用，又可与相应的仪器配套进行频谱分析、振动测量等）、测振仪（用来测定振动幅度的仪器，与速度传感器和加速度传感器联用，可测轴承振动；与位移传感器联用，可测轴的振动）等检修设备。

4. 设备拆卸的基本知识

（1）设备拆卸前的准备工作　拆卸就是正确地解除零部件在设备中相互的约束与固定形式，把零部件有条不紊地分解出来。

拆卸是机修钳工中的重要一环，在拆卸过程中方法不当或使用的工具不合理，都会造成被拆卸的零部件损坏，甚至使整台设备的精度降低，工作性能受到影响。因此，拆卸前必须做好准备工作，具体如下：

1）识读设备或零部件的装配图，熟悉零部件的构造及连接与固定方式。

2）读懂设备的机械传动系统图、轴承布置图，了解传动元件的用途及相互关系，了解轴承型号及结构。

3）熟悉拆卸的操作规程，并确定典型零部件、关键零部件的正确拆卸方法。

4）准备必要及专用的工具。

（2）设备拆卸的一般原则

1）拆卸前必须首先弄清楚设备的结构、性能，掌握各零部件的结构特点、装配关系及定位销、弹簧垫圈、锁紧螺母与顶丝的位置及退出方向，以便正确拆卸。

2）设备的拆卸顺序与装配顺序相反。在切断电源后，先拆卸外部附件，再将整机拆卸成部件，最后拆成零件，并按部件归类放置，不准就地乱放，特别是还可以继续使用的零件更应保管好，精密零件要单独存放，丝杠与长度大的轴类零件应悬挂起来，以免变形。螺钉、垫圈等标准件可集中放在专用箱内。

3）拆卸大型零件，应仔细检查锁紧螺钉及压板等零件是否拆开。若需悬挂，则要注意安全。

4）对装配精度影响较大的关键零部件，为了保证重新装配时仍保持原有的装配关系和配合位置，在拆卸前必须做好记号。

5）拆卸的目的是维护或修理，所以拆卸的最后一步是还原装配。拆卸中应对拆卸过程进行记录，必要时还要画出装配关系图。

（3）设备的拆卸方法　拆卸设备时，应根据设备零部件的结构特点，采用不同的拆卸方法。

1）螺纹连接件的拆卸。拆卸螺纹连接件时，要注意选用合适的呆扳手或螺钉旋具，尽量不用活扳手，按照螺纹方向旋转即可将其拆下。

① 成组螺纹连接件的拆卸。为了避免连接力集中到最后一个连接螺纹件上，拆卸时先将各螺纹件旋转 1~2 圈，然后按照先四周后中间、十字交叉的顺序逐一拆卸。

② 锈蚀螺纹件的拆卸。先用煤油润湿或者浸泡螺纹连接处，然后用木锤轻轻敲击螺纹连接件四周，使之振动，最后旋出时，应先旋紧 1/4 圈，再退出来，反复松紧，逐步旋出。

③ 断头螺纹件的拆卸。当断头螺纹件有一部分露在外面时，可以在断头上用钢锯锯出沟槽或加焊一个螺母，然后用工具将其旋出；若断头螺纹件较粗，也可以用錾子沿圆周剔出；当螺纹件断在螺孔里面时，可以在螺纹件中心钻孔，打入多角淬火钢杆将其旋出，也可以在钻孔后，反向攻螺纹，拧入反向螺钉将断头螺纹件旋出。

2）过盈连接件的拆卸。

① 击卸法。击卸法是拆装工作中最常用的方法，是用锤子或其他重物对需要拆卸的零件进行冲击，从而把零件卸下来的一种方法。该方法的优点是使用的工具简单、操作方便，不足之处是零件容易受到损坏。

击卸法可以采用锤子直接击卸，也可以利用零件自重冲击拆卸（如锻压设备中拆卸锤头与锤杆），当拆卸结合牢固的大型和中型轴类零件时，可以利用其他重物冲击拆卸（如重型锤头等）。

采用击卸法的注意事项如下：

首先拆卸时应根据零件的尺寸大小、重量及结合的牢固程度，选择适当的锤子并注意用力的轻重。锤子太重容易损伤零件；锤子太轻不易击出，还容易将零件打毛；其次须对击卸件采取保护措施，通常用铜棒、胶木棒、木棒及木板等保护被击打的轴端、套端及轮缘等，如图 3-7 所示。

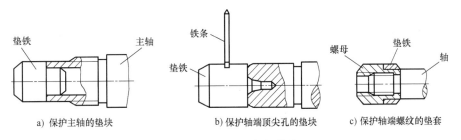

a）保护主轴的垫块　　　b）保护轴端顶尖孔的垫块　　　c）保护轴端螺纹的垫套

图 3-7　击卸法的保护措施

② 拉拔法。拉拔法是利用拔销器（见图 3-8）、顶拔器（见图 3-9）或自制工具进行拆卸的一种方法。该方法的优点是拆卸件不受冲击力，不易损坏零件；缺点是需要自制专用拉具，适用于精度较高且不许敲击的零件和无法敲击的零件。

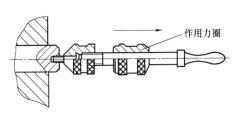

图 3-8　拔销器

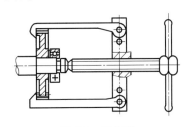

图 3-9　顶拔器

采用拉拔法的注意事项如下:

首先拆卸前应仔细检查轴、套上的定位件、紧固件等是否完全拆开;其次查清轴的拆出方向,一般为轴、孔的大端及花键轴的不通端;最后要防止零件毛刺、污物落入孔内卡死零件。

③ 顶压法。顶压法适用于形状简单的过盈配合件的拆卸,常利用液压机、螺旋压力机、千斤顶、C 形夹头等进行拆卸。当不便使用上述工具时,也可以采用工艺螺孔,借助螺钉顶卸,如图 3-10 所示。

④ 温差法。温差法是加热包容件或冷冻被包容件,同时借助专用工具来进行拆卸的一种方法。该方法适用于拆卸尺寸较大、配合过盈量较大、精度要求较高的零件。需要注意的是,加热或冷冻必须迅速,否则会造成配合件一起胀缩。

图 3-11 所示为用温差法拆卸轴承,在加热前用石棉把靠近轴承的那部分轴隔离开来,防止轴受热膨胀,用顶拔器的卡爪勾住轴承内圈,并给轴承施加一定的拉力,然后迅速将加热到 100℃ 左右的热油浇在轴承内圈上,待轴承内圈受热膨胀后,快速将轴承拉出。

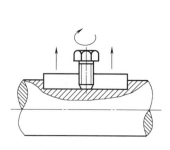

图 3-10　螺钉顶卸

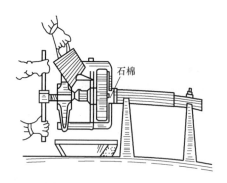

图 3-11　用温差法拆卸轴承

⑤ 破坏法。必须拆卸的焊接、铆接、胶接及难以拆卸的过盈连接等固定连接件,或因发生事故使连接件扭曲变形、咬死及严重锈蚀而无法拆卸的连接件,可采用车削、锯削、錾削、钻削、气割等方法进行破坏性拆卸。

三、任务实施

三相异步电动机主要由两大部分组成:一部分是固定不动的定子;另一部分是旋转的转子。由于两者有相对运动,所以定子、转子之间必须有气隙存在。转子铁心固定在转轴上,为了保证转子旋转,所以转轴两端固定在滚动轴承上,滚动轴承固定在端盖上,如图 3-12 所示。其拆卸步骤见表 3-1。

(1) 三相异步电动机拆卸后要进行以下项目的检查修理

1) 检查电动机各部件有无机械损伤,若有则应做相应修复。

2) 对拆卸的电动机和起动设备进行清理,清除所有油泥、污垢。

3) 拆下轴承,浸在柴油或汽油中彻底清洗。

4) 检查定子绕组是否存在故障。

5) 检查定子、转子铁心有无磨损和变形,若有变形应做相应修复。

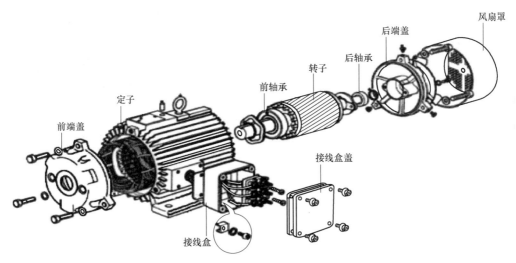

图 3-12 三相异步电动机的结构图

表 3-3 三相异步电动机的拆卸步骤

序号	名 称	步 骤	简 图
1	拆卸带轮	旋下压紧螺钉,并在螺钉孔内注入煤油;装上顶拔器,调整好两爪距离,丝杠顶端要对准电动机轴的中心,转动丝杠,带轮就会慢慢脱离	
2	拆卸前轴承外盖、前端盖	旋下固定轴承盖的螺钉,就可把外盖取下;旋下固定端盖的螺钉,用大小适宜的扁錾,插在端盖突出的耳朵处,按端盖对角线依次向外撬	
3	拆卸风扇罩,卸下风扇	选择适当的旋具,旋出风扇罩与机壳的固定螺钉,即可取下风扇罩 将转轴尾部风扇上的定位螺钉拧下,用锤子在风扇四周轻轻敲打,风扇就可取出	
4	拆卸后轴承外盖、后端盖	选择适当的旋具拆卸后轴承外盖、后端盖	
5	拆卸转子	在抽出转子之前,应在转子下面和定子绕组端部之间垫上厚纸板,以免抽出转子时碰伤铁心和绕组 一只手握住转子,把转子拉出一些,随后另一只手拖住转子铁心渐渐往外移	

（续）

序号	名　称	步　骤	简　图
6	拆卸轴承	采用拉拔法拆卸前、后轴承及轴承内盖	

在进行以上各项修理、检查后，对电动机进行装配、安装，调整各部间隙，按规定进行检查和试车。

（2）三相异步电动机定期维修的内容

1）清洁电动机外壳，除掉运行中积累的污垢。

2）测量电动机绝缘电阻，测量后注意重新接好线，拧紧接线头螺钉。

3）检查电动机端盖，看地脚螺钉是否紧固。

4）检查电动机接地线是否可靠。

5）检查电动机与负载机械间的传动装置是否良好。

6）拆下轴承盖，检查润滑油是否变脏、干涸，及时加油或换油。处理完毕后，注意上好端盖及紧固螺钉。

7）检查电动机附属起动和保护设备是否完好。

四、知识拓展

对拆卸后的机械零件进行清洗是修理工作的重要环节，清洗方法和清洗质量对零件鉴定的准确性、设备的修复质量、修理成本和使用寿命等都将产生重要影响。

零件的清洗原则如下：

1）保证满足对零件清洗程度的要求。

2）防止零件在清洗过程中被腐蚀。

3）确保安全操作。

4）讲究经济效益。

清洗的内容包括清除油污、水垢、积炭、锈蚀及旧涂装层等。

1．清除油污

零件上的油污，一般使用清洗剂采用人工或机械方式清洗，具体有擦洗、浸洗、喷洗等方法。

（1）清洗方法

1）人工清洗是指把零件放在装有煤油、轻柴油或化学清洗剂的容器内，用毛刷刷洗或棉丝擦洗。

2）机械清洗是把零件放入清洗设备箱中，由传送带输送，经过被搅拌的清洗液，清洗干净后被送出设备箱。

3）喷洗则需要专用设备，将具有一定压力和温度的清洗液喷射到工件上，清除油污。该方法效率高。

（2）清洗剂

清洗剂有碱性化学溶液和有机溶剂。

1）碱性化学溶液是采用氢氧化钠、碳酸钠、磷酸钠和硅酸钠等化合物，按照一定比例配制而成的一种溶液，见表3-4。

表 3-4　碱性化学溶液

含量 /(g/L)　　　　配方号 成分及使用条件		1	2	3	4
氢氧化钠（NaOH）		30～50	10～15	20～30	
碳酸钠（Na_2CO_3）		20～30	20～50	20～30	30～50
磷酸钠（$NA_3PO_4 \cdot 12H_2O$）		50～70	50～70	40～60	30～50
硅酸钠（Na_2SiO_3）		10～15	5～10		20～30
OP 乳化剂			50～70	非离子型润滑	
使用条件	湿度/℃	80～100	70～90	90	50～60
	保持时间/min	20～40	15～30	10～15	5
应用范围		钢铁零件	钢铁材料和铜及其合金		橡胶、金属零件

2）有机溶剂主要有煤油、轻柴油、丙酮、三氯乙烯等。

（3）清洗注意事项

1）零件经清洗后应立即用热水冲洗，以防止碱性溶液腐蚀零件表面。

2）零件经清洗，在干燥后应涂机油，防止生锈。

3）在清洗和运送过程中，不要碰伤零件表面。清洗后要使油孔、油路畅通，并用塞堵封闭孔口，以防止污物掉入，装配时再拆去塞堵。

4）使用设备清洗零件时，应保证足够的清洗时间，保证清洗质量。

5）精密零件和铝合金零件不宜采用强碱性溶液浸洗。

6）由于三氯乙烯有毒，所以要在一定的装置中按规定操作进行，场地应保持干燥、通风，禁烟火，避免与油漆、铝屑、橡胶等相互作用，注意安全。

2. 清除锈蚀

零件表面的氧化物，如钢铁零件表面的锈蚀，在机械设备修理中应彻底清除。目前，主要采用以下三种方法消除锈蚀。

（1）机械除锈法　机械除锈法是指用人工刷擦、打磨及机器磨削、抛光和喷砂等方法去除表面锈蚀。

（2）化学除锈法　利用酸性溶液溶解零件表面上的氧化物，去除锈蚀。常用的酸性化学除锈剂的配方见表3-5。

（3）电化学除锈　电化学除锈又称电解腐蚀，即把锈蚀的零件作为阳极（阳极除锈）、把锈蚀的零件作为阴极（阴极除锈）。该方法除锈效率高、质量好。但是阳极除锈若电流过高时，易造成腐蚀过度，破坏零件表面，只适用于外形简单的零件；阴极除锈不存在过蚀问题，但易产生氢脆，使零件塑性降低。

3. 清除涂装层

清除零件表面保护、装饰涂装层时，应根据涂装层的损坏情况和要求，进行部分或全部清除。涂装层清除后，要冲洗清洁，准备按涂装层工艺喷涂新的涂装层。

表3-5 常用的酸性化学除锈剂的配方

成分及使用条件	含量 配方号	1	2	3	4	5
工业用盐酸(HCl)		100mL		100mL		
工业用硫酸(H_2SO_4)			60mL	100mL		
磷酸(H_3PO_4)					15%~25%	25%
工业用铬酐(CrO_3)					15%	
缓蚀剂		3~10g	3~10g	3~10g		
水		1L	1L	1L	60%~70%	75%
使用条件	温度/℃	室温	70~80	30~40	30~60	15
	保持时间/min	20~40	15~30	10~15	5	
应用范围		表面粗糙、形状简单、无小孔、窄槽、尺寸要求不严的钢零件			锈蚀程度不太严重、尺寸精度要求较严格的零件	

清除涂装层一般采用刮刀、砂纸、钢丝刷或手提式电动、风动工具进行刮、磨、刷等。

任务二 机械零件的修复技术

一、任务导入

请根据传动机构、轴承组的损坏形式，提出合理的修复建议及修复方法。

二、知识链接

机械零件的修复技术是指恢复有修复价值的损伤零件的尺寸、几何形状和力学性能，其目的在于在经济合理及有效的原则下恢复零件的配合性质和工作能力。

对失效的机械零件进行修复与更换新件相比，有如下优点。

1）修复零件一般可节约材料，减少制造工时，大大降低修理费用。

2）减少备件储备，从而减少资金的占用，能取得节约的效果。

3）利用新技术修复失效零件还可提高零件的某些性能，延长零件的使用寿命。

用来修复机械零件的工艺方法很多，图3-13所示为较普遍应用的修复零件尺寸的修理方法。

1. 选择机械零件修复工艺时应考虑的因素

(1) 修复工艺对零件材质的适应性　任何一种修复工艺都不能完全适应各种材料，表3-6可供选择时参考。

(2) 各种修复工艺能达到的修补层厚度　不同零件需要的修复层厚度不一样。因此，必须了解各种修复工艺所能达到的修补层厚度。图3-14所示为几种主要修复工艺能达到的修补层厚度。

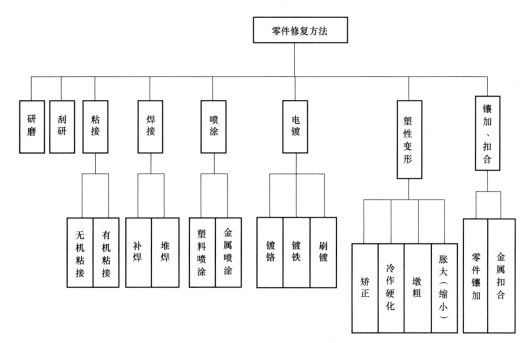

图 3-13　零件修复工艺

表 3-6　各种修复工艺对材料的适应性

序号	修复工艺	低碳钢	中碳钢	高碳钢	合金结构钢	不锈钢	灰铸铁	铜合金	铝
1	镀铬	+	+	+	+	+	+		
2	镀铁	+	+	+	+	+	+		
3	气焊	+	+		+		−		
4	手工电弧焊	+	+	−	+	+			
5	焊剂层下电弧堆焊	+	+						
6	振动电弧堆焊	+	+	+	+	+			
7	钎焊	+	+	+	+	+	+	+	−
8	金属喷涂	+	+	+	+	+	+	+	+
9	塑料粘接	+	+	+	+	+	+	+	+
10	塑性变形		+						
11	金属扣合						+		+

注："+" 说明修复效果良好；"−" 说明修复效果不好；"空" 说明不适合。

（3）被修复零件构造对工艺选择的影响　例如轴上螺纹损坏时可车成直径小一级的螺纹，但要考虑拧入螺母是否受到临近轴径尺寸较大的限制。又如用镶螺纹套法修理螺纹孔、用扩孔镶套法修理孔径时，孔壁厚度与邻近螺纹孔的距离尺寸是主要限制因素。

（4）零件修复后的强度　修补层与零件的结合强度，以及零件修复后的强度，是修理质量的重要指标，表 3-7 可供选择零件修复工艺时参考。

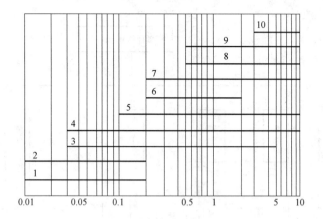

图 3-14　几种主要修复工艺能达到的修补层厚度

1—镀铬　2—滚花　3—钎焊　4—振动电弧堆焊　5—手工电弧焊　6—镀铁

7—粘补　8—焊剂层下电弧堆焊　9—金属喷涂　10—镶加零件

表 3-7　各种修补层的力学性能

序号	修复工艺	修补层本身抗拉强度/ $N \cdot mm^{-2}$	修补层与 45 钢的结合强度/ $N \cdot mm^{-2}$	零件修复后疲劳强度降低的百分数（%）	硬度
1	镀铬	400~600	300	25~30	600~1000HV
2	低温镀铁		450	25~30	45~65HRC
3	手工电弧焊	300~450	300~450	36~40	210~420HBW
4	焊剂层下电弧堆焊	350~500	350~500	36~40	170~200HBW
5	振动电弧堆焊	620	560	与 45 钢接近	25~60HRC
6	银焊（含银 45%）	400	400		
7	铜焊	287	287		
8	锰青铜钎焊	350~450	350~450		170~200HBW
9	金属喷涂	80~110	40~95	45~50	200~240HBW
10	环氧树脂粘补		热粘 2040 冷粘 1020		80~120HBW

（5）修复工艺过程对零件物理性能的影响　修补层物理性能，如硬度、加工性、耐磨性及密实性等，在选择修复工艺时必须考虑。如硬度高，则加工困难；硬度低，一般磨损较快；硬度不均，加工表面不光滑。耐磨性不仅与表面硬度有关，还与金相组织、磨合情况及表面吸附润滑油的能力有关。如采用多孔镀铬、多孔镀铁、振动电弧堆焊、金属喷涂等修复工艺，均能获得多孔隙的覆盖层。这些孔隙中能存储润滑油，且而改善了润滑条件，使得机械零件即使在短时间缺油的情况下也不会发生表面研伤现象。修复可能发生液体、气体渗漏的零件，则要求修补的密实性，不允许出现砂眼、气孔、裂纹等缺陷。

（6）修复工艺对零件精度的影响　对精度有一定要求的零件，主要考虑修复中的受热变形。修复时大部分零件温度都比常温高。如电镀、金属喷涂、电火花镀敷及振动电弧堆焊等，当零件温度低于 100℃ 时，热变形很小，对金相组织几乎没有影响；软钎料钎焊温度为 200~400℃，对零件的热影响也很小；硬钎料钎焊时，零件要预热或加热到较高温度，当温度达到 800℃ 以上时就会使零件退火，热变形增大。

2. 机械零件的修复方法

（1）机械加工修复法 机械加工修复法是零件修复中最基本、最重要、最常用的修复方法，包括修理尺寸法、附加零件修理法、局部更换修理法和转向翻转修理法。

1）修理尺寸法：对零件（配合件中较贵重的一个）的损坏工作表面进行机械加工，消除损坏缺陷，使零件的原始尺寸改变为另一尺寸（称为修理尺寸），而配合件中的另一个零件则按照修理尺寸重新制造，以达到要求的配合间隙和配合特性的修复方法。例如，曲轴主轴颈过度磨损后，在保证轴颈强度要求的情况下光车主轴颈，依光车后的尺寸重新配制主轴瓦，使其具有原有的轴承间隙。需要注意的是：对于孔而言，修理尺寸>原始尺寸；对于轴而言，修理尺寸<原始尺寸。

该方法适用于轴、凸轮轴、气缸、转向节主销孔等的修复，修复后零件的强度和刚度需要验算。

2）附加零件修理法（镶套修理法）：为零件的磨损部位或损伤部位，用过盈配合方式镶上新的金属套，使零件恢复到原尺寸或技术状况的修复方法，如图 3-15 所示。

该方法适用于干式气缸套、气门座圈、气门导管、飞轮齿圈、变速器轴承孔、后桥和轮毂壳体中滚动轴承的配合孔以及壳体零件上的磨损螺纹孔和各类型的端轴轴颈等的修复。

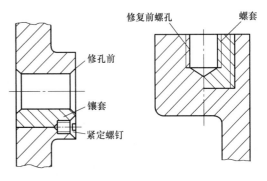

图 3-15 镶套修理法

3）局部更换修理法：有些零件在使用过程中，往往各部位的磨损量不均匀，有时只有某个部位磨损严重，而其余部位尚好或磨损轻微。在这种情况下，如果零件结构允许，可将磨损严重的部位切除，并重制新件，用机械连接、焊接或粘接的方法将其固定在原来的零件上，使零件得以修复，这种方法称为局部更换修理法。图3-16a 所示为将双联齿轮中磨损严重的小齿轮轮齿切去，重制一个小齿圈，用键连接，并用骑缝螺钉固定的局部更换修理。图 3-16b 所示为在保留的轮毂上，铆接重制的齿圈的局部更换修理。图 3-16c 所示为局部更换修理牙嵌式离合器并以粘接法固定的局部更换修理。局部

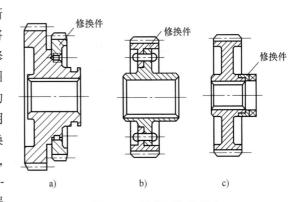

a)　　　　　b)　　　　　c)

图 3-16 局部更换修理法

更换修理法适用于修复半轴、变速器第一轴或第二轴齿轮、变速器盖及轮毂等（修理工艺较复杂）。

4）转向翻转修理法：转向翻转修理法是将零件的磨损或损坏部分翻转一定角度，利用零件未磨损部位恢复零件的工作能力的一种修复方法，如图 3-17 所示。该方法适用于修复磨损的键槽、螺栓孔和飞轮齿圈等（应用受到结构条件限制）。

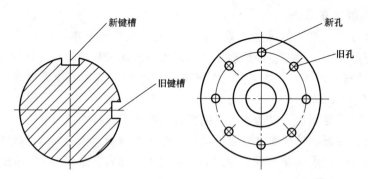

图 3-17 转向翻转修理法

（2）塑性变形修复法　塑性材料零件磨损后，为了恢复零件表面原有的尺寸精度和形状精度，可采用塑性变形修复法修复，如滚花、镦粗法、挤压法、扩张法、热校直法等。

（3）电镀修复法　电镀是将金属工件浸入电解质（酸类、碱类、盐类）的溶液中（刷镀则不浸入），以工件为阴极通以直流电，在电流作用下，溶液中的金属离子（或阳极溶解的金属离子）析出，沉积到工件表面上，形成金属镀层的过程。

根据零件的结构特点和使用特性，目前用来修复磨损零件的金属电镀修复法有刷镀、镀铬和镀铁等。

1）刷镀。又称无槽镀，如图 3-18 所示。它采用直流电源 3，工作时将工件 1 接负极，镀笔 4 接正极，用脱脂棉 5 包住端部的不溶性石墨电极，蘸饱镀液 2（有的也采用浇淋），多余的镀液流回容器 6。加工时接通电源，工件旋转，在电化学作用下，镀液中的离子流向阴极，并在阴极得到电子还原为原子，结晶为镀膜，其厚度一般为 0.001~0.5mm。

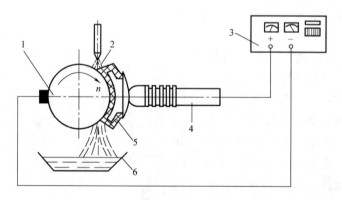

图 3-18 刷镀原理

1—工件　2—镀液　3—直流电源　4—镀笔　5—脱脂棉　6—容器

刷镀技术可以在不解体或半解体的条件下快速修复零件，可用于轴、壳体、孔类、花键槽、轴瓦瓦背、平面类及不通孔、深孔等零件表面的局部划伤、拉毛及蚀斑磨损等缺陷的修复。

刷镀具有如下特点。

① 不需要渡槽，设备简单、操作方便、灵活机动，可现场操作，不受工件大小、形状和工作条件的限制。

② 镀液种类、可涂镀金属比槽镀多，易于实现复合镀层。

③ 镀层的质量好，镀层均匀、致密，结合得比槽镀牢固，镀层容易控制。

④ 需人工操作，工作量大。

2）镀铬。镀铬层的优点：硬度高（800~1000HV，高于渗碳钢、渗氮钢），摩擦因数小（为钢和铸铁的 50%），耐磨性好（高于无镀铬层 2~50 倍），热导率比钢和铸铁约高 40%；具有较高的化学稳定性，能长时间保持光泽，耐蚀性好，与基体金属有很高的结合强度。

镀铬层的主要缺点是脆性高，只能承受均匀分布的载荷，受冲击易破裂，而且随着镀层厚度增加，镀层强度、疲劳强度也随之降低。

镀铬层应用广泛，可用来修复零件尺寸和强化零件表面，如补偿零件磨损失去的尺寸。但是，补偿尺寸不宜过大，通常镀铬层厚度控制在 0.3mm 以内为宜。

镀铬工艺包括镀前表面处理和电镀。

镀前表面处理内容如下：

① 为了得到正确的几何形状和消除表面缺陷并达到表面粗糙度要求，工件要进行机械准备加工和消除锈蚀，以获得均匀的镀层，如机床主轴镀前一般要加以磨削。

② 不需镀覆的表面要做绝缘处理，通常先刷绝缘性清漆，再包扎乙烯塑胶带，工件的孔眼则用铅堵牢。

③ 可用有机溶剂、碱溶液等将工件表面的油脂清洗干净，然后进行弱酸蚀，以清除工件表面上的氧化膜，使表面显露出金属的结晶组织，增强镀层与基体金属的结合性。

电镀：将工件装上挂具吊入镀槽进行电镀，根据镀铬层种类和要求选定电镀规范，按时间控制镀层厚度。设备修理中常用的电解液成分是 CrO_3：150~250g/L；H_2SO_4：0.75~2.5g/L。工作温度（温差±1℃）为 55~60℃。

镀后要检查镀层质量，观察镀覆表面是否镀满及镀层色泽，测量镀层的厚度和均匀性。如果镀层厚度不合要求，可重新补镀。如果镀层有起泡、剥落、色泽不符合要求等缺陷，可用 10%盐酸溶解或用阳极腐蚀去除原铬层，重新镀铬。对镀铬厚度超过 0.1mm 的较重要零件应进行热处理，以提高镀层的韧性和结合强度，一般热处理温度为 180~250℃，时间是 2~3h，在热的矿物油或空气中进行冷却。最后根据零件技术要求进行磨削加工，必要时进行抛光。镀层薄时，可直接镀到尺寸要求。

（4）热喷涂修复法　用高温热源将喷涂材料加热至熔化或呈塑性状态，同时用高速气流使其雾化，喷射到经过预处理的工件表面上形成一层覆盖层的过程。

将喷涂层继续加热，使之达到熔融状态而与基体形成冶金结合，最终获得牢固的工作层。

热喷涂技术不仅可以恢复零件的尺寸，而且还可以改善和提高零件表面的某些性能，如耐磨性、耐蚀性、抗氧化性、密封性、隔热性等。

1）热喷涂技术的特点如下：

① 适用材料广，喷涂材料广。喷涂的材料可以是金属、合金，也可以是非金属。同样，基体的材料可以是金属、合金，也可以是非金属。

② 涂层的厚度不受严格限制，可以从 0.05mm 到几毫米，而且涂层组织多孔，易存油，润滑性和耐磨性都较好。

③ 喷涂时工件表面温度低（一般为 70~80℃），不会引起零件变形和金相组织改变。

④ 设备不太复杂，工艺简便，可在现场作业，对失效零件修复的成本低、周期短、生

产率高。

热喷涂技术的缺点是喷涂层结合强度有限，喷涂前工件表面需经毛糙处理，会降低零件的强度和刚度；而且多孔组织也易发生腐蚀；不宜用于窄小零件表面和受冲击载荷的零件修复。

热喷涂技术在机械设备维修中应用广泛。对于大型复杂的零件，如机床主轴、曲轴、凸轮轴轴颈、电动机转子轴，以及机床导轨和溜板等，采用热喷涂修复其磨损的尺寸，既不产生变形又能延长使用寿命；大型铸件的缺陷，采用热喷涂进行修复，加工后其强度和耐磨性可接近原有性能；在轴承上喷涂合金层，可代替铸造的轴承合金层；在导轨上用氧炔焰喷涂一层工程塑料，可提高导轨的耐磨性和减摩性；还可以根据需要喷制防护层等。

2）热喷涂工艺。

① 喷前准备。工件清洗：主要清洗工件待喷区域及其附近表面的油污、锈和氧化皮层。

预加工：去除工件表面的疲劳层、渗碳硬化层、镀层和表面损伤，预留涂层厚度，使待喷表面粗化，以提高喷涂层与基体的结合强度。

预热：除去表面吸附的水分，减少冷却时的收缩应力，提高结合强度。

② 喷粉。预处理后的工件应立即喷涂结合层，其厚度为 0.1~0.15mm，喷涂距离为 180~200mm。结合层喷好后应立即喷涂工作层。喷涂层的质量主要取决于送粉量和喷涂距离。送粉量过大会使喷涂层内生粉增多，从而降低涂层质量；送粉量过小又会降低生产率。喷涂距离以150~200mm 为宜，距离太近会使粉末加热时间不足并使工件温升过高，距离太远又会使合金粉到达工件表面时的速度和温度下降。热喷涂过程中粉末的喷射方向要与喷涂表面垂直。

③ 热喷涂后处理。热喷涂后应注意缓冷。由于喷涂层组织疏松多孔，有些情况下为了防腐可涂上防腐液，一般用环氧树脂等涂料刷于涂层表面即可。要求耐磨的喷涂层，加工后应放入 200℃ 的机油中浸泡半小时。当喷涂层的尺寸精度和表面粗糙度不能满足要求时，可采用车削或磨削的方法对其进行精加工。

（5）焊接修复法　利用焊接技术修复失效零件的方法称为焊接修复法。用于修补零件缺陷时称为补焊；用于恢复零件几何形状及尺寸，或使其表面获得具有特殊性能的熔敷金属时称为堆焊。

焊接修复在设备维修中占有很重要的地位，应用非常广泛。它的特点结合强度高，可以修复大部分金属零件因各种原因（如磨损、缺损、断裂、裂纹、凹坑等）引起的损坏；修复质量好、生产率高、成本低、灵活性大，多数工艺简便易行，不受零件尺寸、形状和场地以及修补层厚度的限制，便于野外抢修。但焊接修复方法也有不足之处，主要是容易产生焊接变形和应力，以及裂纹、气孔、夹渣等缺陷。重要零件焊接后应进行退火处理，以消除内应力。焊接修复法不宜修复较高精度、细长、薄壳类零件。

焊接修复是在工件的表面或边缘熔敷一层具有耐磨、耐蚀、耐热等性能的金属层的焊接工艺。它与一般焊接方法不同，不是为了连接工件，而是对工件表面进行改性，以获得所需的耐磨、耐热、耐蚀等特殊性能，或恢复工件因磨损和加工失误造成的尺寸不足，这两方面的应用在表面工程学中称为修复与强化。

焊接修复的特点如下：

1）堆焊层与基体金属的结合是冶金结合，结合强度高，抗冲击性能好。

2）堆焊层金属的成分和性能调整方便，一般常用的焊条、电弧焊堆焊焊条或药芯焊条调节配方很方便，可以设计出各种合金体系，以适应不同的工况要求。

3）堆焊层厚度大，一般可在 2~30mm 内调节，更适合于严重磨损的工况。

4）节省成本，经济性好。当工件的基体采用普通材料制造，表面用高合金堆焊层时，不仅降低了制造成本，而且节约了大量贵重金属。在工件维修过程中，合理选用堆焊合金，对受损工件的表面加以堆焊修补，可以大大延长工件寿命，延长维修周期，降低生产成本。

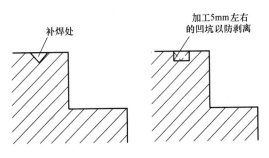

图 3-19 在需要补焊的部位加工出沟槽或凹坑

采用低温氩弧焊、焊条电弧焊等方法在需要修复的部位进行堆焊，然后再做修整，主要用来修理局部损坏或需要补缺的地方。当采用焊条电弧焊时，应对焊接的周围进行整体预热（40~80℃）与局部预热（100~200℃），以防止焊接时局部成为高温区而容易产生裂纹和变形等缺陷。此外，为了提高焊接的熔接性能，堆焊前最好在被焊处加工出深 5mm 左右的凹坑或沟槽，如图 3-19 所示。但要防止操作时火花飞溅到其他部位，尤其是型腔表面更要当心，避免在焊接时出现新的损伤。

（6）粘接修复法 粘接修复法是应用粘结剂将两个物体或损坏的零件牢固地粘接在一起的一种修复方法。该方法不会引起变形或金属组织的改变。粘结剂种类繁多，有机粘结剂有如环氧树脂胶、酚醛树脂、Y-150 厌氧胶、J-19 高强度粘结剂等；无机粘结剂常用的是氧化铜粘结剂。

粘接技术在设备修理中的应用如下：

1）机床导轨磨损的修复。机床导轨严重磨损后，在修理时通常需要经过刨削、磨削或刮研等修理工艺，但这样做会破坏机床原有的尺寸链。现在可以采用合成有机粘结剂，将工程塑料薄板如聚四氟乙烯板、1010 尼龙板等粘接在铸铁导轨上，这样可以提高导轨的耐磨性，同时可以改善导轨的防爬行性和抗咬焊性。若机床导轨面出现拉伤、研伤等局部损伤，可采用粘结剂直接填补修复，如采用 502 瞬干胶加还原铁粉（或氧化铝粉、二硫化钼等）粘补导轨的研伤处。

2）零件动、静配合磨损部位的修复。零部件如轴颈磨损、轴承座孔磨损、机床楔铁配合面的磨损等均可用粘接工艺修复，比镀铬、喷涂等工艺简便。

3）零件的裂纹和破损部位的修复。零件的裂纹、孔洞、断裂或缺损等均可用粘接工艺修复。

4）填补铸件的砂眼和气孔。在操作时要认真清理干净待填补部位，在涂胶时可用电吹风均匀在胶层上加热，以去掉粘结剂中混入的气体和使粘结剂顺利流入填补的缝隙里。

5）用于连接表面的密封堵漏。如为防止泵体与泵盖接合面渗油，可将接合面清理干净后涂一层液态密封胶，晾置后在中间再加一层纸垫，再将泵体和泵盖接合，拧紧螺柱即可。

6）用于将简单零件粘接组合成复杂零件，以代替铸造、焊接等方法，从而缩短加工周期。

（7）矫正修复法 指在外力作用下，改变零件的几何形状，使变形的零件恢复到原有的几何形状的方法。常采用的方法有矫正、表面强化和零件墩粗。

1）矫正。通过反向加压，消除零件的变形，用于修复曲轴、凸轮轴、连杆、气门、气缸盖、车架、工字梁等。如静压矫正（见图 3-20）、敲击矫正和火焰矫正。

2）表面强化。利用金属塑性的特点，在一定的条件下，使零件的表面产生塑性变形和组织结构改变的修复方法，常用的有表面滚压强化、内孔挤压强化及表面喷丸强化（用钢球喷向表面而强化的方法）。

3）墩粗。借助外力减小工件高度，增大外径、减小内径，常用于修复非铁金属套筒和圆柱形零件，要求磨损量小于 0.6mm，压缩量小于原长度 15%，且长径比<2，否则不宜采用。一般情况下墩粗后应需机械加工才能满足尺寸要求。

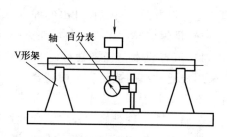

图 3-20　轴的静压矫正示意图

三、任务实施

传动机构、轴承组的损坏形式及合理的修复建议和修复方法见表 3-8。

表 3-8　传动机构、轴承组的损坏形式及合理的修复建议和修复方法

机构	损坏形式	修复方法
带传动	带轮轴颈弯曲	静压矫正法
	带轮内孔与轮轴配合松动	当带轮孔与轮轴磨损量较小时，可采用车床修光带轮孔；若磨损较严重，可采用镶衬套法修理带轮孔 带轮 骑缝螺钉 衬套
	带轮磨损	将轮槽切深，同时修正轮缘 1—新轮槽面　2—磨损后轮槽面　3—修复后轮槽面
	V 带拉长	调整中心距或者更换新 V 带（成组 V 带全部更换）
	带轮损坏	更换新带轮
	带轮轴颈上键槽磨损	原位置扩大键槽宽度或采用转向 60°新开键槽

（续）

机构	损坏形式	修复方法
链传动	链条拉长	加大中心距或卸掉一节或几节链节
	链和链轮磨损	更换新的链条和链轮
	链齿折断	可采用堆焊技术修复,再修整成符合要求的齿形 堆焊修齿
	链条折断	将断裂的链节放在带孔的铁砧上,用冲头将链节销轴冲出,更换新链节,并在销轴两端铆合或用弹簧片卡住 冲头 铁砧
齿轮传动	齿轮严重磨损或崩裂	更换新齿轮;也可采用更换轮缘的方法 1)将齿轮的轮齿全部车掉 2)按原齿轮外圆和车去轮齿后的直径,配制新的轮缘毛坯 3)将新轮缘压入车去轮齿的轮坯上,采用焊接或铆接方法固定 4)按照原齿轮技术参数,加工新齿 更换轮缘 轮坯 更换轮缘 a)焊接固定　　b)铆接固定
	大模数齿轮局部崩裂	堆焊或镶齿 a)镶齿　　b)固定方法
蜗杆传动	蜗杆磨损	更换新蜗杆或采用刮削、滚切、珩磨等修复方法

（续）

机构	损坏形式	修复方法
螺旋传动	丝杠螺纹磨损	当磨损不超过齿厚的 10% 时,可采用车深螺纹的方法来消除。螺纹车深后,大径应相应车小,以保证螺纹的标准深度;也可以采用调头使用丝杠的方法,但丝杠两端轴颈一般不一样,所以调头使用时需辅必要的机械加工
	丝杠轴颈磨损	采用镶套修理法修复
	螺母磨损	更换新螺母
	丝杠弯曲	借助手动压力机矫正丝杠 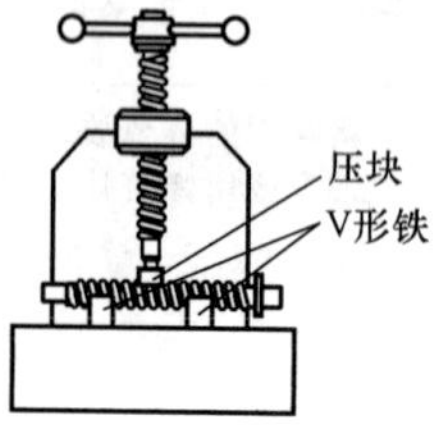 压块 V形铁
滑动轴承	整体式滑动轴承	磨损严重应更换新轴承;若磨损不太严重可采用金属喷涂方法恢复其尺寸;也可以采用如下方法:将轴套切一个平行轴线的切口,如图 a,合拢以缩小内孔径尺寸,如图 b,最后在缺口处用堆焊补满,如图 c 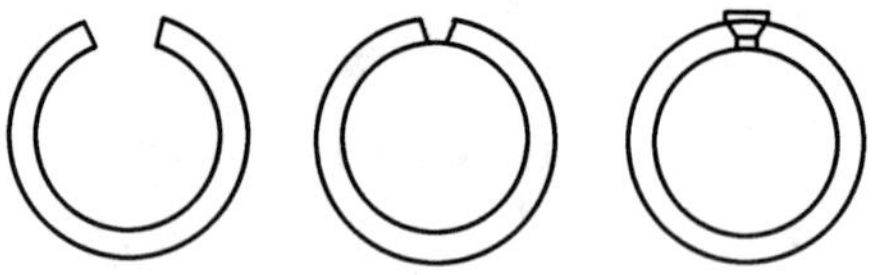 a) 切口　　b) 合拢　　c) 堆焊
	剖分式滑动轴承	当两半轴瓦磨损较少时,通过调整垫片厚度重新配刮的方法修复;对于采用巴氏合金制成的轴瓦,当磨损严重时,可重新浇注巴氏合金,再车削配刮恢复其精度。修复时应注意轴承盖与轴承座之间的间隙不得小于 0.75mm,否则会影响其对轴瓦的压紧作用 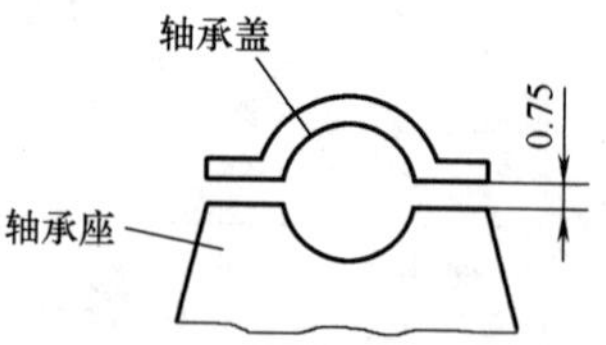 轴承盖　0.75　轴承座
	内柱外锥式滑动轴承	1) 当轴承内孔出现少量磨损时,可采用调整螺母间隙的方法恢复 2) 当轴瓦出现严重磨损、擦伤时,应拆掉主轴,并刮削轴承,以恢复其精度 3) 当轴承经多次修复后没有调整余量时,可采用喷涂方法加大轴承外径 4) 当轴承变形、磨损严重时,则必须更换新的轴承

（续）

机构	损坏形式	修复方法
滑动 轴承	瓦块式自动调位轴承	1）拆卸轴承 2）将球面螺钉夹在车床卡盘上，用与其相配合的瓦块的球面进行配研，使接触斑点不少于70% 3）配刮或研磨瓦块和轴的接触表面。研磨时应注意使研磨棒的旋转方向与瓦块上标注的箭头方向一致 　　　　　　　　　　　　　　*A* → 　　轴瓦 　　　　　　　　　　　　　　研磨棒 　　　　　　　　　　　　　　*A—A*
滚动 轴承	轴承工作时发出 不规则的声音	可能有杂物进入轴承，应及时清洗并进行润滑
	轴承工作时发 出冲击声音	滚动体或轴承圈破裂，应及时更换新轴承
	轴承工作时发 出尖锐哨声	轴承间隙过小或润滑不好，应及时调整间隙，并对轴承进行清洗和润滑
	轴承工作时 发出轰鸣声	轴承内、外圈严重磨损而剥落，应更换新轴承
	轴颈磨损	可采用镀铬方法修复
	轴承座孔磨损	可采用喷涂、镶套等方法修复

参 考 文 献

［1］ 朱宇钊，洪文仪. 装配钳工［M］. 北京：机械工业出版社，2014.

［2］ 徐斌. 钳工项目训练教程［M］. 北京：高等教育出版社，2011.

［3］ 汪哲能. 钳工工艺与技能训练［M］. 北京：机械工业出版社，2015.

［4］ 朱金仙. 钳工技能基础［M］. 北京：机械工业出版社，2015.

［5］ 夏致斌. 模具钳工［M］. 北京：机械工业出版社，2015.

［6］ 劳动和社会保障部教材办公室. 工具钳工工艺与技能训练［M］. 北京：中国劳动社会保障出版社，2008.

［7］ 刘航. 模具制造技术——基于项目式教学方法［M］. 2 版. 北京：机械工业出版社，2014.